高职高专计算机类“十二五”规划教材

计算机常用工具软件项目教程

赵海吉　主　编
董翠英　副主编

化学工业出版社
·北京·

内 容 提 要

本书是编者在多年计算机教学的基础上，针对当前流行的常用工具软件编写而成。本书共分 6 个大项目，26 个学习任务。主要包括：文件处理、图像处理、影音制作、系统优化与维护、系统安全防护、网络管理与服务。本书编写以项目为基础，体现工作情境与工作过程，每个项目又由多个任务组成，图文并茂，深入浅出。软件学习采用行动导向教学，注重以学员为中心和做中学，同时注重方法能力与信息素养的培养。

本教材适用于大、中专院校所有专业学生使用，同时也可作为计算机培训、业余爱好者学习之用。

图书在版编目（CIP）数据

计算机常用工具软件项目教程 / 赵海吉主编. —北京：化学工业出版社，2014.8（2023.9 重印）

高职高专计算机类“十二五”规划教材

ISBN 978-7-122-21098-2

Ⅰ. ①计… Ⅱ. ①赵… Ⅲ. ①软件工具－高等职业教育－教材 Ⅳ. ①TP311.56

中国版本图书馆 CIP 数据核字(2014)第 141217 号

责任编辑：旷英姿　　　　装帧设计：王晓宇

责任校对：蒋　宇

出版发行：化学工业出版社（北京市东城区青年湖南街 13 号　邮政编码 100011）

印　　装：北京建宏印刷有限公司

787mm×1092mm　1/16　印张 10½　字数 264 千字　　2023 年 9 月北京第 1 版第 6 次印刷

购书咨询：010-64518888　　　　售后服务：010-64518899

网　　址：http://www.cip.com.cn

凡购买本书，如有缺损质量问题，本社销售中心负责调换。

定　　价：**25.00 元**

前言

人的能力分为三层：职业特定能力、行业通用能力、核心能力。根据我国人力资源和社会保障部公布的标准，所有岗位任何人一辈子都需要的基础能力称为核心能力，它分为：与人交流能力、数字应用能力、自我学习能力、信息处理能力、与人合作能力、解决问题能力、创新能力、外语应用能力。信息处理能力是组成核心能力的八种重要能力之一，美国将这种能力提升为更高的层次，称为“信息素养”，它也包括八个方面的能力：运用信息工具、获取信息、处理信息、生成信息、创造信息、发挥信息的效益、信息协作、信息免疫。

计算机已经成为我们日常生活的重要组成部分，尤其是随着移动互联网的发展，人的信息素养显得越来越重要。如何有效地培养人的信息素养，首要的是学会运用信息工具的能力。例如：我们日常用的手机，它就是一部“微电脑”，之所以越来越重要，除了打电话之外，手机被赋予了许许多多的新功能，如手电筒功能、记步器、测肺活量、指南针、游戏、微信、微博等。如果没有信息工具的支撑，它就是一部仅仅用于通话的手机。计算机更是如此，离开了软件，它将变为一堆“废品”。

经过多年的教学实践，我们将人们日常生活中常用的工具软件分为六类：文件处理、图像处理、影音制作、系统优化与维护、系统安全防护、网络管理与服务。本书编写具有如下特点：一是所选内容为最近常用计算机工具软件，有些还兼顾常用手机软件的介绍，与日常工作、学习与生活密切相关，具有很好的工具性和实用价值；二是教材以项目学习为引领，体现工作情境、工作过程，注重职业素质能力、专业能力、方法能力的培养；三是每个项目由多个任务组成，结构上分为工作情境创设、项目内容及要求，任务目标、任务布置、任务实施、任务评价、任务改进与拓展。内容组织融合行动导向教学，力求由浅入深，简洁明了。

本书由中山市技师学院赵海吉主编并负责全书的统稿，董翠英副主编。具体编写分工为：中山市技师学院李洁编写项目一和项目二，中山市技师学院彭业开编写项目三和项目四，董翠英编写项目五及校正，赵海吉编写项目六。

本教材适用于大、中专院校所有专业学生使用，同时也可作为计算机培训、业余爱好者学习之用。本书编写难免会有纰漏，敬请读者批评指正！

编　者

2014 年 6 月

CONTENTS 目录

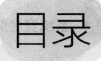

项目五 系统安全防护 132

项目六 网络管理与服务 144

项目一 文件处理

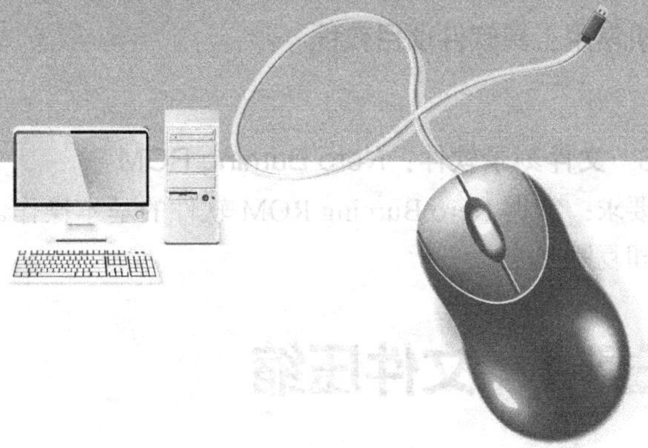

工作情景创设

（1）尽管现在硬盘容量与网络速度已经大大提高，但是信息容量的扩充更为可观。使用文件压缩软件将电脑中的文件压缩打包，可以节省硬盘空间与数据传输时间。

（2）随着电脑与网络技术的普及，用户可以在电脑中使用文本制作与阅读工具，制作、阅读与编辑电子文本。

（3）当今世界，国际交流日益密切，语言的交流有着举足轻重的地位。因此，出现了很多文本翻译软件。

（4）使用文件恢复和文件加密软件，能够恢复和加密文件，让用户电脑中的文件更加安全。

（5）使用文件刻录软件，可以将电脑中的数据保存到光盘中，让用户制作专属于自己的CD和DVD。

项目内容及要求

1．文件压缩软件：WinRAR

要求：掌握WinRAR软件的基本操作。能够使用WinRAR创建压缩文件、解压缩文件和加密压缩文件。

2．PDF文件制作与阅读软件：pdfFactory Pro、Adobe Reader

要求：（1）掌握PDF文件的制作软件pdfFactory Pro的基本操作。能够使用pdfFactory Pro将普通文档格式转换成PDF文件、将多个文档整合到一个PDF文件中。（2）掌握PDF文件的阅读软件Adobe Reader的基本操作。能够使用Adobe Reader打开、保存与阅读PDF文件以及复制PDF文件中的文本、表格与图形。

3．文本翻译软件：有道词典、金山快译

要求：（1）掌握有道词典软件的基本操作。掌握“词典”选项卡、“例句”选项卡、“百科”选项卡和“翻译”选项卡的应用。（2）掌握金山快译软件的基本操作。掌握金山快译的高级翻译功能和批量翻译功能。

4．文件恢复软件：FinalData

要求：掌握FinalData软件的基本操作。能够使用FinalData对文件和文件夹进行恢复。

5．文件加密软件：Easycode Boy Plus

要求：掌握Easycode Boy Plus软件的基本操作。能够使用Easycode Boy Plus进行文件加密、文件解密和EXE加密。

6. 文件刻录软件：Nero Burning ROM

要求：掌握 Nero Burning ROM 软件的基本操作。能够使用 Nero Burning ROM 进行数据刻录和复制光盘。

任务 1　文件压缩

任务目标

掌握 WinRAR 软件的基本操作。

任务布置

（1）在计算机中安装 WinRAR 软件；
（2）使用 WinRAR 创建压缩文件；
（3）使用 WinRAR 解压缩文件；
（4）使用 WinRAR 加密压缩文件。

任务实施

一、软件功能介绍

WinRAR 是一款很不错的文件压缩工具，界面友好，使用方便。与其他压缩工具相比，WinRAR 使用的算法比较好地平衡了速度和压缩率。它不仅有较快的压缩与解压缩速度，而且支持的压缩格式也很多，可以解压缩 RAR、ZIP 和其他压缩格式的压缩文件。

二、软件的安装

（1）找到安装文件 WinRAR.exe，双击该文件，开始安装 WinRAR 4.01。

（2）在弹出的窗口中，单击“浏览”按钮可以选择安装目录，建议采用默认的安装目录。单击“安装”按钮，开始安装。如图 1-1 所示。

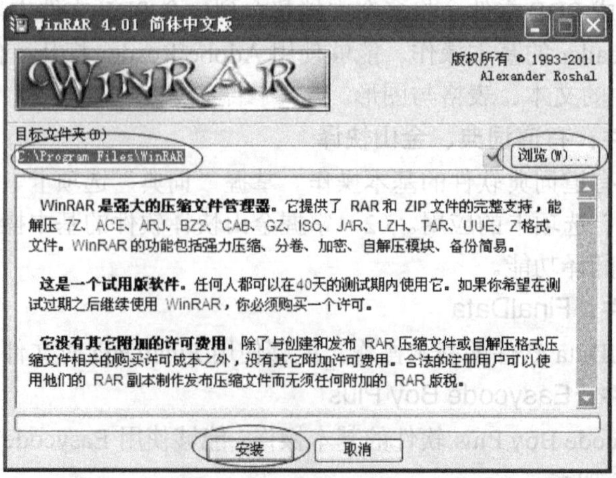

图 1-1

（3）在设置窗口中单击“确定”按钮。如图 1-2 所示。

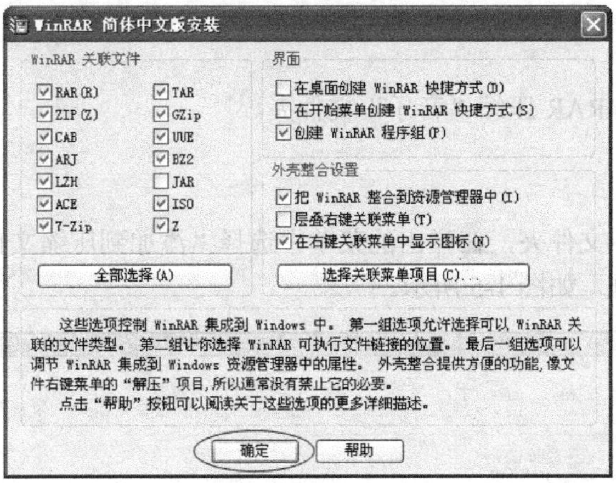

图 1-2

（4）单击“完成”按钮，结束安装。如图 1-3 所示。

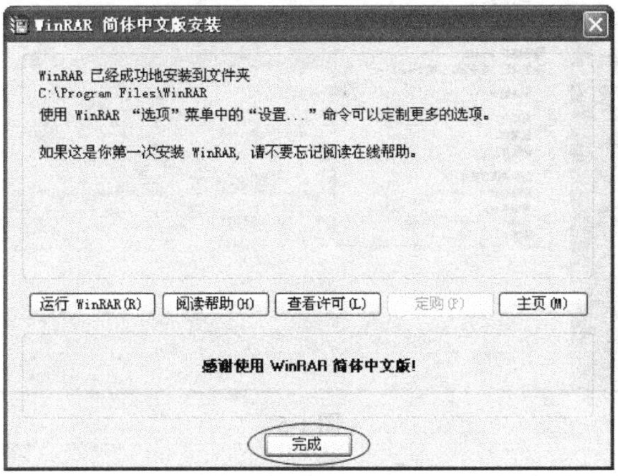

图 1-3

（5）安装成功后，在“开始/程序”菜单中会出现“WinRAR”菜单项。选择 WinRAR ，即可打开 WinRAR 4.01 的程序主界面窗口，如图 1-4 所示。

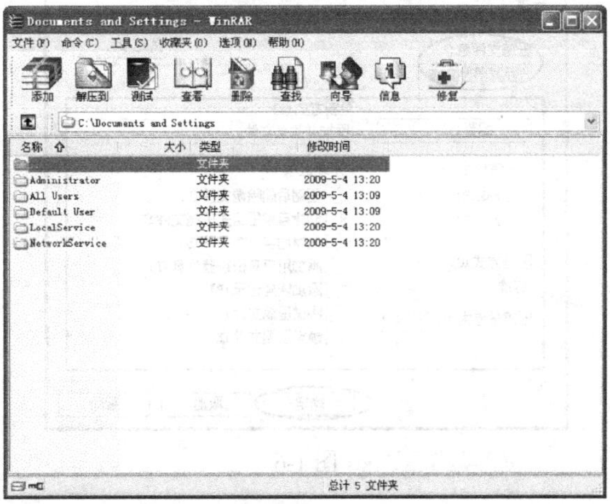

图 1-4

三、应用实例

1. 创建压缩文件

【例 1-1】使用 WinRAR 压缩“音乐”文件夹。

操作步骤

（1）右击“音乐”文件夹，在弹出的菜单中选择“添加到压缩文件”命令，打开“压缩文件名和参数”对话框。如图 1-5 所示。

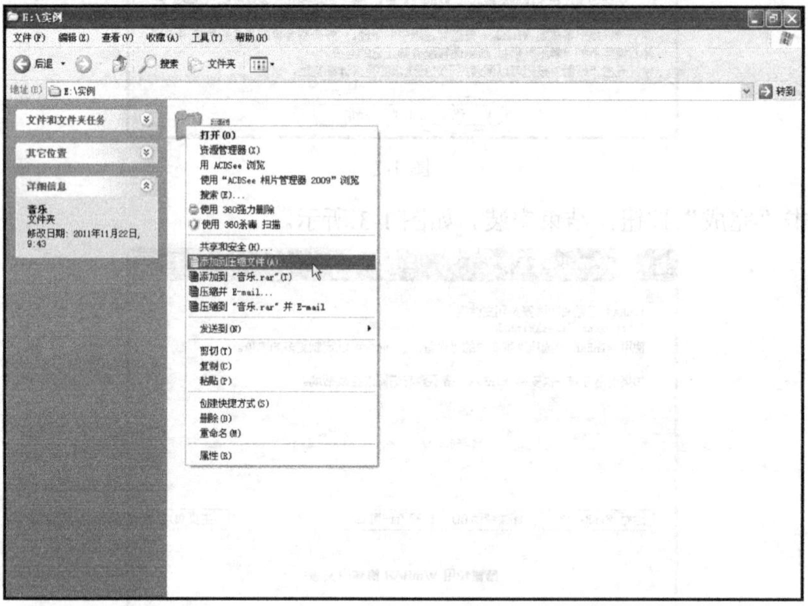

图 1-5

（2）在“压缩文件名和参数”对话框中，输入压缩文件的名称，设置压缩选项，然后单击“确定”按钮。如图 1-6 所示。

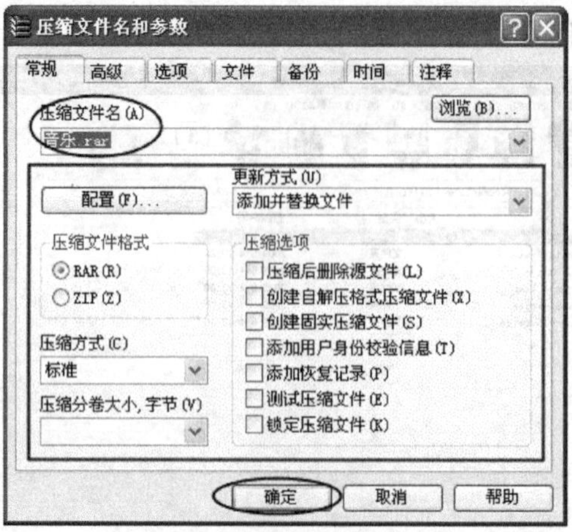

图 1-6

（3）在同一目录中创建的压缩文件“音乐.rar”。如图 1-7 所示。

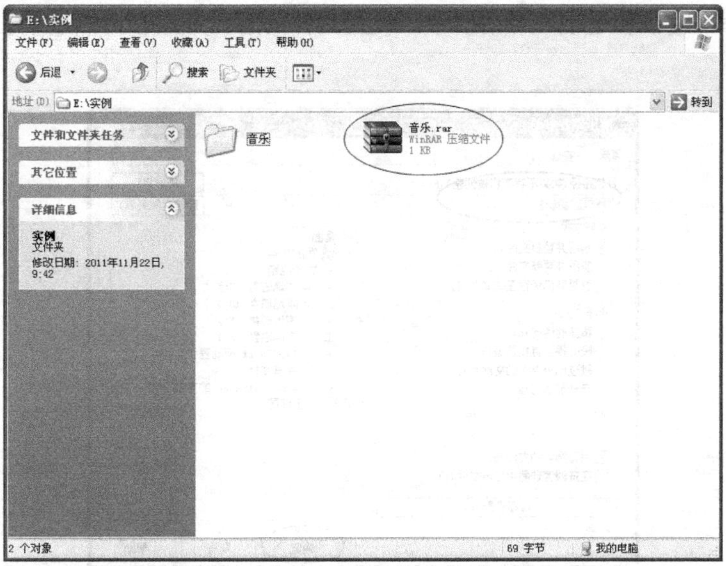

图 1-7

小提示

在 WinRAR 4.01 的程序主界面窗口中选择需要压缩的“音乐”文件夹，然后单击“添加”图标，同样可以打开“压缩文件名和参数”对话框。

2. 解压压缩文件

【例 1-2】使用 WinRAR 解压压缩文件“资料.rar”。

操作步骤

（1）右击压缩文件“资料.rar”，在弹出的菜单中选择“解压文件”，打开“解压路径和选项”对话框。如图 1-8 所示。

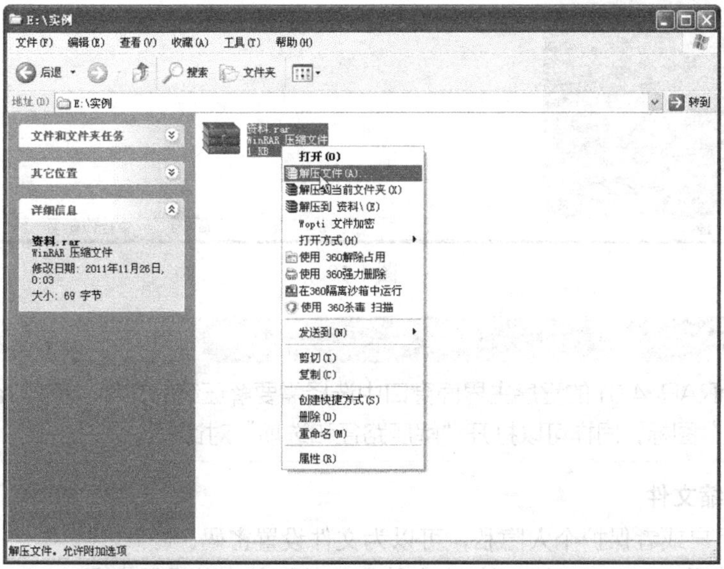

图 1-8

（2）在“解压路径和选项”对话框中，设置文件的解压缩路径，然后单击“确定”按钮。如图 1-9 所示。

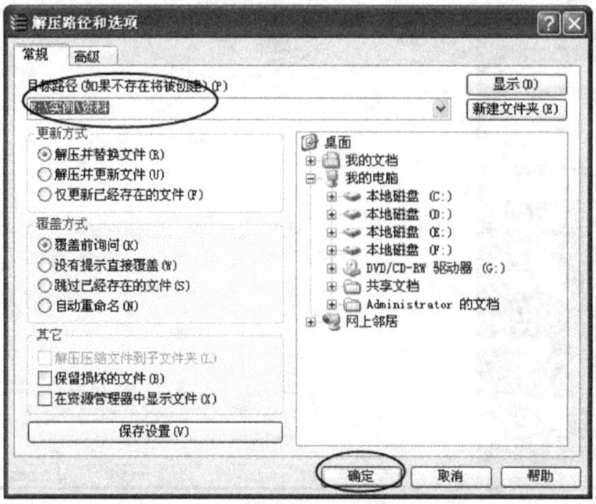

图 1-9

（3）将“资料.rar”解压到同一目录中。如图 1-10 所示。

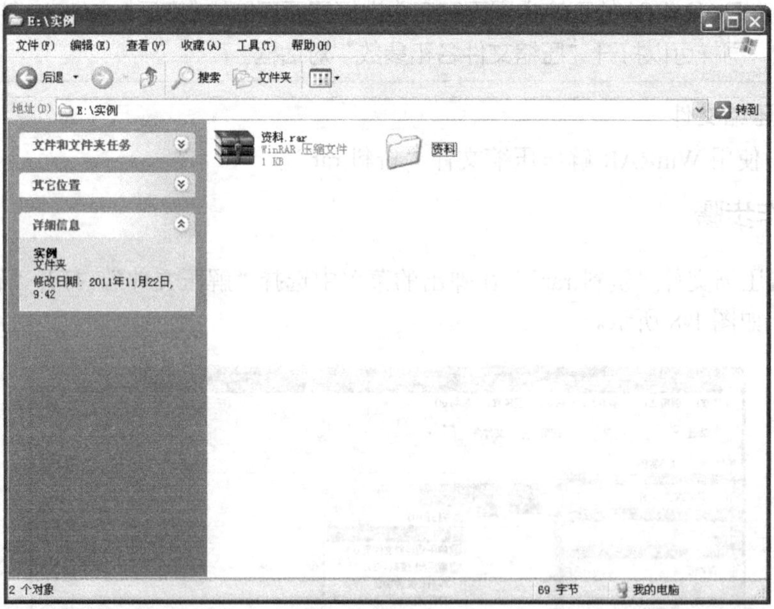

图 1-10

小提示

在 WinRAR 4.01 的程序主界面窗口中选择需要解压缩的文件“资料.rar”，然后单击“解压到”图标，同样可以打开“解压路径和选项”对话框。

3. 加密压缩文件

为了区分用户或者保护个人隐私，可以为文件设置密码。

【例 1-3】使用 WinRAR 压缩“机密文件”文件夹并为其设置密码。

操作步骤

（1）右击“机密文件”文件夹，在弹出的菜单中选择“添加到压缩文件”命令，打开“压缩文件名和参数”对话框。在“压缩文件名和参数”对话框中，单击“高级”选项卡，然后单击“设置密码”按钮。如图 1-11 所示。

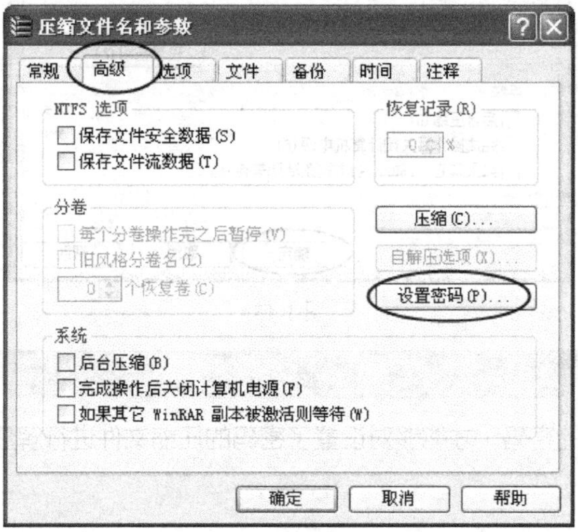

图 1-11

（2）输入密码，然后单击“确定”按钮。如图 1-12 所示。

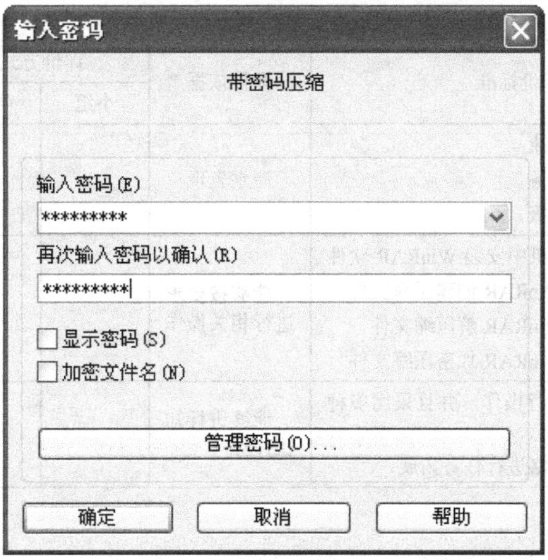

图 1-12

小提示

为了确保安全性，密码长度最少要 8 个字符；最好使用任意的随机组合的字符和数字；要注意密码的大小写。如果遗失密码，将无法取出加密的文件。

（3）返回“压缩文件名和参数”对话框，单击“确定”按钮。如图 1-13 所示。

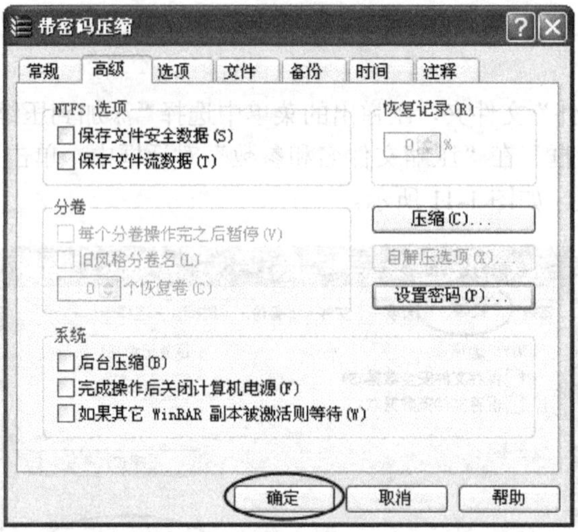

图 1-13

小提示

需要输入正确的密码，才能够对设置了密码的压缩文件进行解压缩。

任务评价

任务考核评价表

任务名称　文件压缩

班级：　　　　姓名：　　　　学号：

评价项目	评价标准	评价依据	评价方式		得分	备注
			小组	老师		
职业素质	1. 遵守课堂纪律 2. 按时完成任务 3. 学习主动积极	课堂表现				
专业能力	1. 能够在计算机中安装 WinRAR 软件 2. 能够使用 WinRAR 创建压缩文件 3. 能够使用 WinRAR 解压缩文件 4. 能够使用 WinRAR 加密压缩文件	能够按要求进行相关操作				
方法能力	1. 能够灵活进行操作，并且采用多种方法进行操作 2. 能够借助网络进行任务拓展	能够进行知识迁移				
指导教师综合评价	指导教师签名：　　　　日期：					

任务拓展

文件压缩分为有损压缩和无损压缩两种，常用的 WinRAR、WinZip 都是属于无损压缩。其基本原理都是一样的，简单地说也就是把文件中的重复数据用更简洁的方法表示。有损压缩是利用了人类对图像或声波中的某些频率成分不敏感的特性，允许压缩过程中损失一定的信息。有损压缩广泛应用于语音、图像和视频数据的压缩。

任务 2　PDF 文件制作与阅读

任务目标

（1）掌握 PDF 文件的制作软件 pdfFactory Pro 的基本操作；
（2）掌握 PDF 文件的阅读软件 Adobe Reader 的基本操作。

任务布置

一、pdfFactory Pro 软件

（1）在计算机中安装 pdfFactory Pro 软件并调出软件虚拟打印机；
（2）使用 pdfFactory Pro 将普通文档格式转换成 PDF 文件；
（3）使用 pdfFactory Pro 将多个文档整合到一个 PDF 文件中。

二、Adobe Reader 软件

（1）在计算机中安装 Adobe Reader 软件；
（2）使用 Adobe Reader 打开与保存 PDF 文件；
（3）使用 Adobe Reader 阅读 PDF 文件；
（4）使用 Adobe Reader 复制 PDF 文件中的文本、表格与图形。

任务实施

一、pdfFactory Pro 软件

1. 软件功能介绍

pdfFactory Pro 是一个无须 Acrobat 创建 Adobe PDF 文件的打印机驱动程序。它所提供的创建 PDF 文件的方法比其他方法更方便和高效，标签页式的主界面非常直观、明了。pdfFactory Pro 支持多个文档整合、预览、内嵌字体、安全加密、书签等功能，还可以通过 E-mail 发送 PDF 文件。

2. 软件的安装

找到安装文件 pdf350pro-chs.exe，双击该文件，开始安装。按照提示操作安装成功后，出现如图 1-14 所示的对话框。

图 1-14

安装完后在“控制面板”下的“打印机和传真”中可看到“pdfFactory Pro”虚拟打印机的图标，如图 1-15 所示。在打印时，选择“pdfFactory Pro”虚拟打印机就可以输出 PDF 文件。

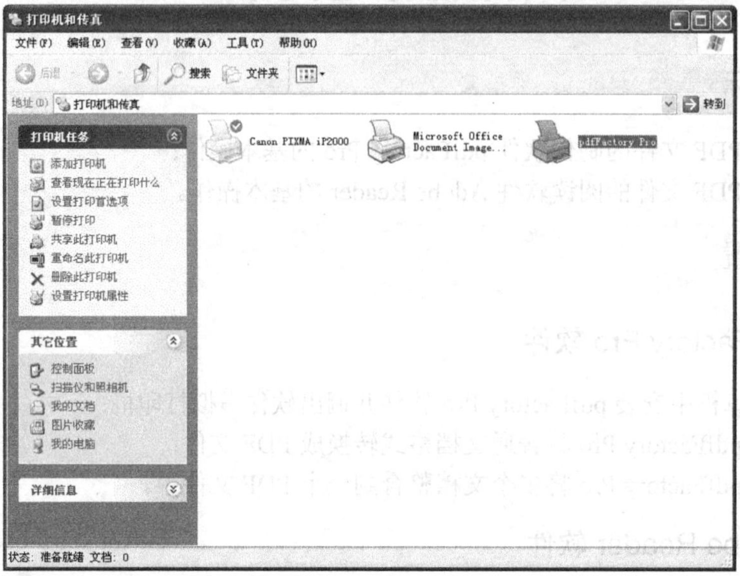

图 1-15

3. 应用实例

（1）使用 pdfFactory Pro 将普通文档格式转换成 PDF 文件。

【例 1-4】以 Word 文档为例，介绍如何将普通文档格式转换成 PDF 文件。

操作步骤

① 打开一个 Word 文档“中国软件业全面反攻.doc”。选择“文件”菜单下的“打印”命令，弹出如图 1-16 所示的对话框。

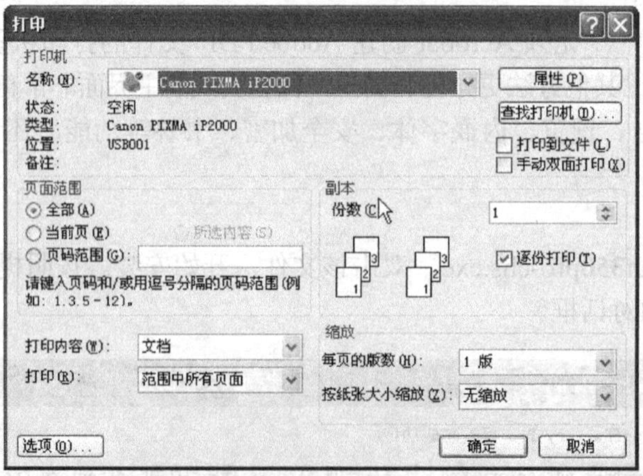

图 1-16

② 在“打印机名称”下拉列表中选择“pdfFactory Pro”，然后单击“确定”按钮，弹出如图 1-17 所示的对话框。

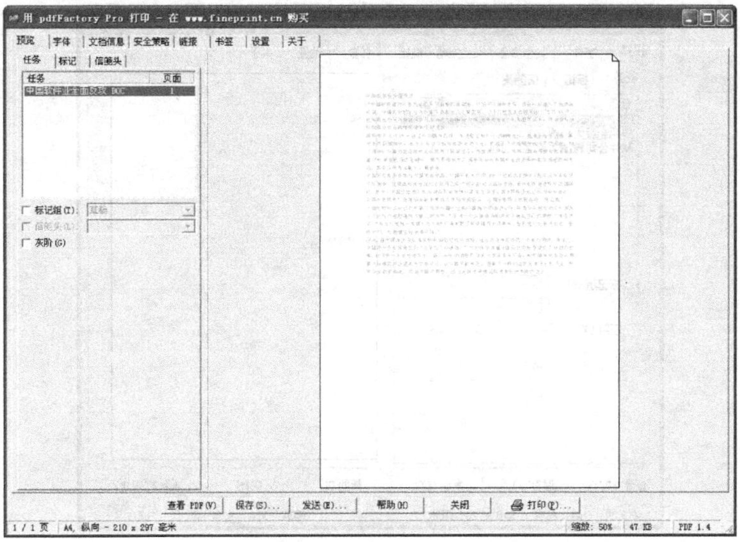

图 1-17

③ 单击“保存”按钮，弹出如图 1-18 所示的对话框。

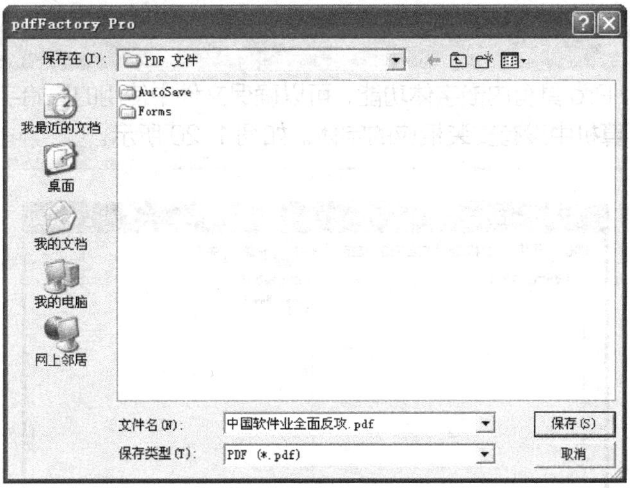

图 1-18

④ 设置好文件名及保存目录，然后单击“保存”按钮，即可生成所需要的 PDF 文件。

（2）使用 pdfFactory Pro 将多个文档整合到一个 PDF 文件中。

【例 1-5】将三个 Word 文档：“中国软件业全面反攻.doc”、“伊朗制服太极虎.doc”、“软件公司聘请‘黑客’.doc”整合到一个 PDF 文件中。

操作步骤

① 首先打开第一个要整合的文档“中国软件业全面反攻.doc”。选择“打印”命令，选择“pdfFactory Pro”打印机，然后单击“确定”按钮，进入如图 1-17 所示的窗口。

② 依次打开要整合的另外两个文档“伊朗制服太极虎.doc”、“软件公司聘请‘黑客’.doc”，重复上述操作。pdfFactory Pro 会自动创建一个包含这三个 Word 文档的单独的 PDF 文件。如图 1-19 所示。

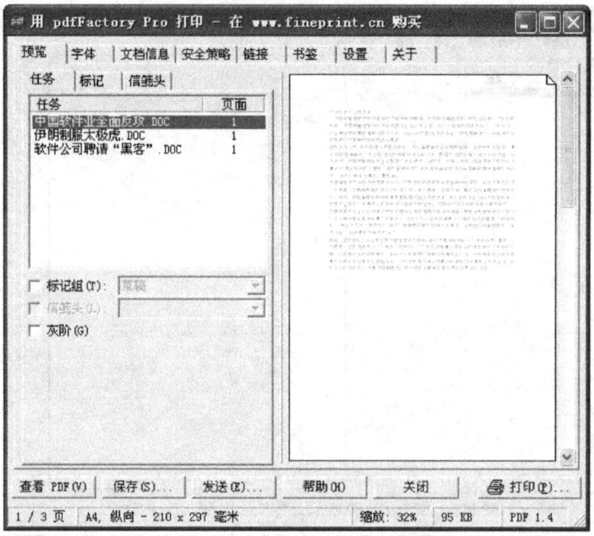

图 1-19

③ 设置好文件名及保存目录，然后单击“保存”按钮，即可生成所需要的 PDF 文件。

小提示

pdfFactory Pro 具有内嵌字体功能，可以确保文件中使用的原始字体能被正确显示，即使使用者的计算机中没有安装相应的字体。如图 1-20 所示。

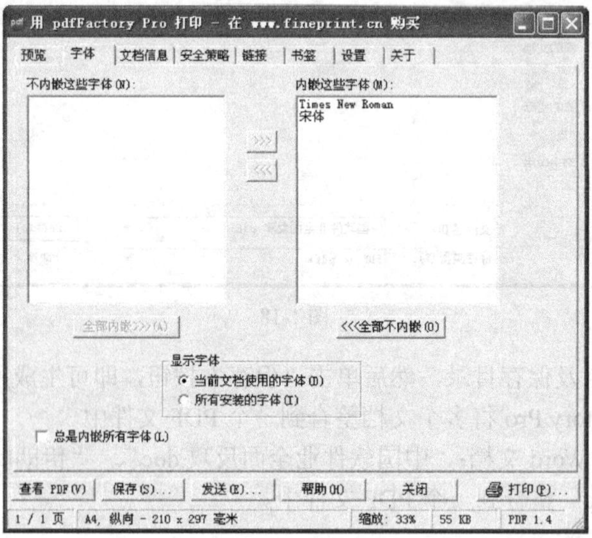

图 1-20

二、Adobe Reader 软件

1. 软件功能介绍

Adobe Reader 是用来查看、阅读、打印和管理 PDF 文件的文本阅读工具。它不仅体积小、运行速度快，而且是免费的。虽然无法在 Adobe Reader 中创建 PDF 文件，但是通过它

打开 PDF 文件后，可以使用多种工具快速查找信息。使用 Adobe Reader 的多媒体工具还可以播放 PDF 文件中的视频和音乐。

2. 软件的安装

（1）找到安装文件 AdbeRdr1010_zh_CN.exe，双击该文件，开始安装。

（2）在弹出的窗口中单击“更改目标文件夹”按钮，可以选择安装目录。建议采用默认的安装目录，然后单击“安装”按钮。如图 1-21 所示。

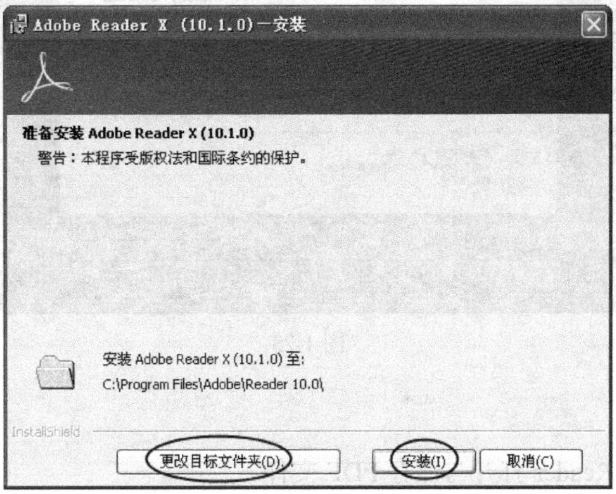

图 1-21

（3）单击“完成”按钮，结束安装。如图 1-22 所示。

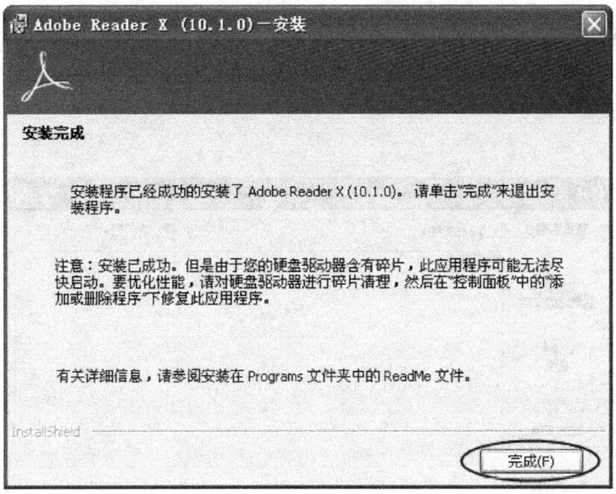

图 1-22

（4）安装成功后，在“开始/程序”菜单中会出现“Adobe Reader X”菜单项，在桌面上会出现一个 

图标。双击该图标，即可打开 Adobe Reader X 的程序主界面窗口。如图 1-23 所示。

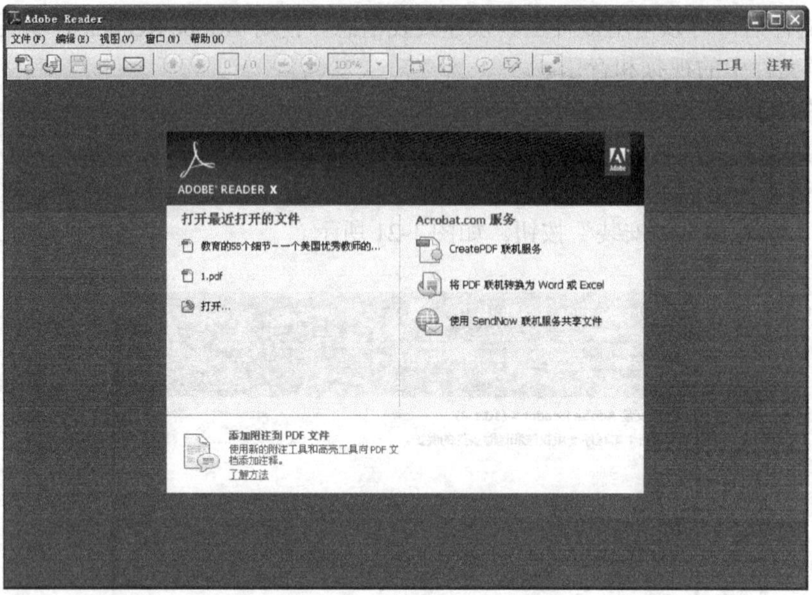

图 1-23

3. 应用实例

（1）使用 Adobe Reader 打开与保存 PDF 文件。

用户可以在 Adobe Reader 中通过“打开”命令打开 PDF 文件，或者直接双击 PDF 文件启动 Adobe Reader 打开文件。使用 Adobe Reader 还能将 PDF 文件中的文本保存为可以编辑的 txt 格式文本。下面，我们就使用 Adobe Reader 打开 PDF 文件并将文件保存为 txt 格式文本。

① 打开 Adobe Reader X 的程序主界面窗口，选择“打开”命令（或者在菜单栏中选择“文件/打开”命令），在弹出的对话框中选择要打开的 PDF 文件“1.pdf”，然后单击“打开”按钮。如图 1-24 所示。

图 1-24

② 在 Adobe Reader 中打开 PDF 文件“1.pdf”。如图 1-25 所示。

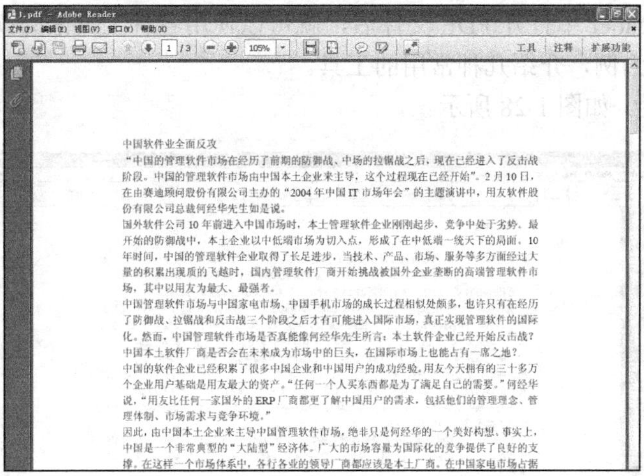

图 1-25

③ 在菜单栏中选择“文件/另存为/文本”命令，在弹出的对话框中选择保存位置，输入保存名称，然后单击“保存”按钮。如图 1-26 所示。

图 1-26

④ 双击保存好的文本文档“1.txt”，可以查看保存自 PDF 文件“1.pdf”的文本。如图 1-27 所示。

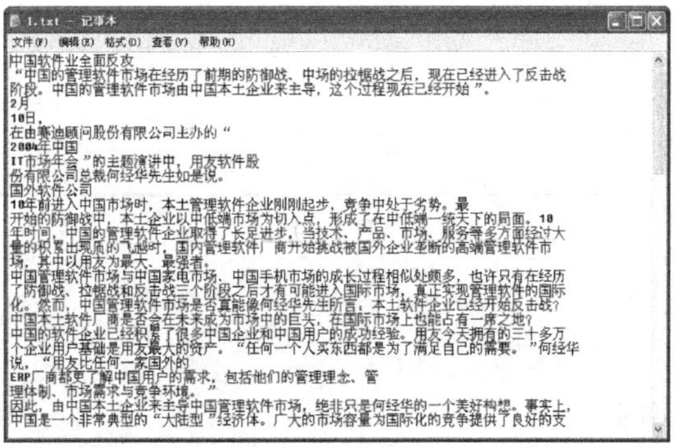

图 1-27

（2）使用 Adobe Reader 阅读 PDF 文件。

当在 Adobe Reader 中打开 PDF 文件后，就可以使用各种工具来阅读文件。下面以阅读 PDF 文件“1.pdf”为例，介绍几种常用的工具。

① 导览状态栏。如图 1-28 所示。

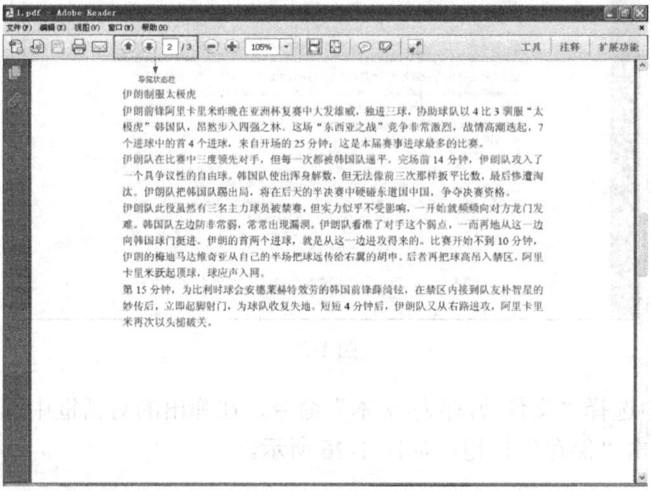

图 1-28

——显示上一页

——显示下一页

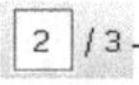——当前页/文件的总页数

② “选择和缩放”工具栏。如图 1-29 所示。

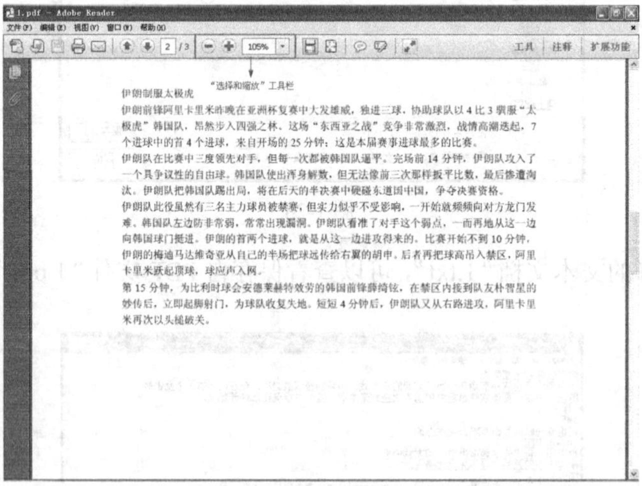

图 1-29

——缩小

——放大

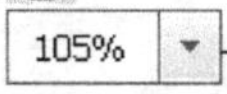——显示比例

③ 页面缩略图图标。单击该图标，在打开的窗口中，我们可以使用缩略图图像跳转到指定页面。如图 1-30 所示。

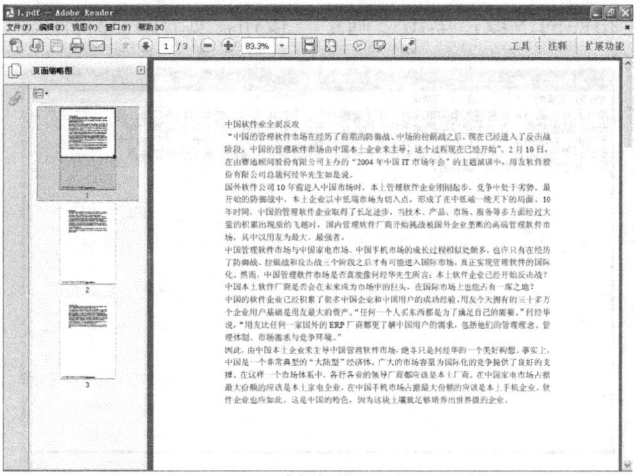

图 1-30

④ “视图/页面显示”命令

Adobe Reader 有 4 种页面显示方式：单页、单页滚动、双页、双页滚动。用户可以根据自己的阅读习惯选择一款适合自己的显示方式。

（3）使用 Adobe Reader 复制 PDF 文件中的文本、表格与图形。

在阅读 PDF 文件时，用户经常需要把一些重要的文字段落、表格或者图形复制到其他文档或者其他文本编辑工具当中，Adobe Reader 能帮助用户非常快捷地完成这项任务。下面，介绍在 PDF 文件“1.pdf”中复制选定文本到记事本的操作步骤。

① 在 Adobe Reader 中打开 PDF 文件“1.pdf”，选定需要复制的文本将其复制。如图 1-31 所示。

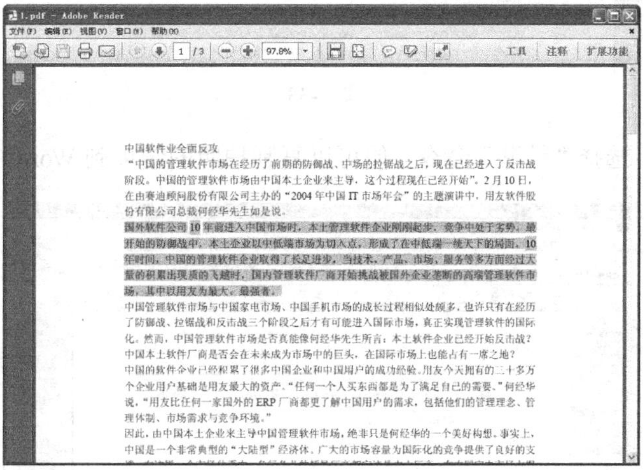

图 1-31

② 打开记事本，选择“粘贴”命令，便可以将刚才选定的文本复制到记事本中。如图 1-32 所示。

除了通过上面介绍的方法来复制文本外，Adobe Reader 中的“拍快照”命令也能帮助用户完成复制操作。下面介绍使用“拍快照”命令复制“1.pdf”中的文本到 Word。

① 在 Adobe Reader 中打开 PDF 文件“1.pdf”，选择“编辑/拍快照”命令，此时鼠标会

变成十字形状，选定拍照的区域，单击“确定”按钮，如图 1-33 所示。

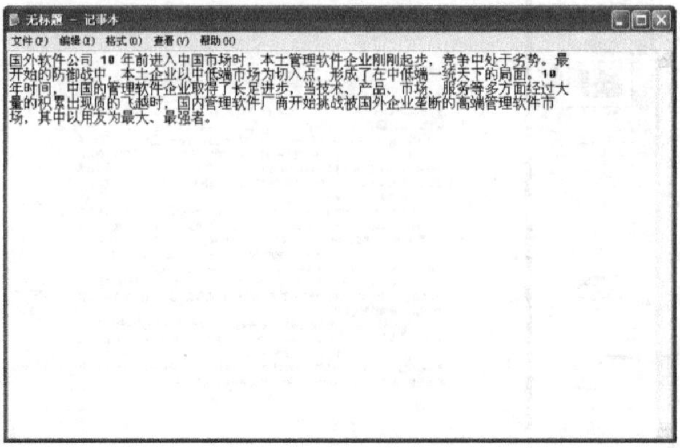

图 1-32

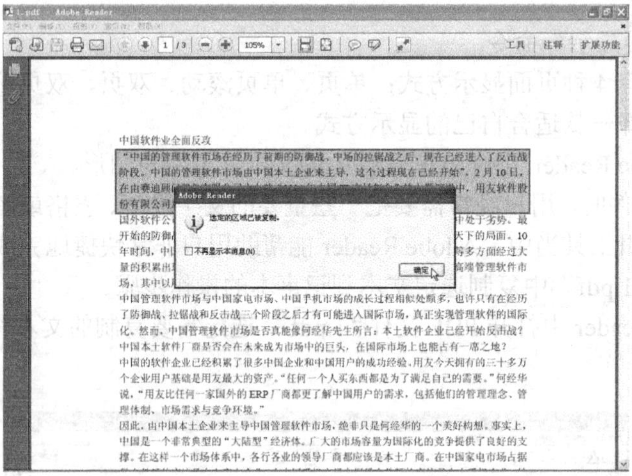

图 1-33

② 打开 Word，选择“粘贴”命令，便可以复制拍照的结果到 Word 中。如图 1-34 所示。

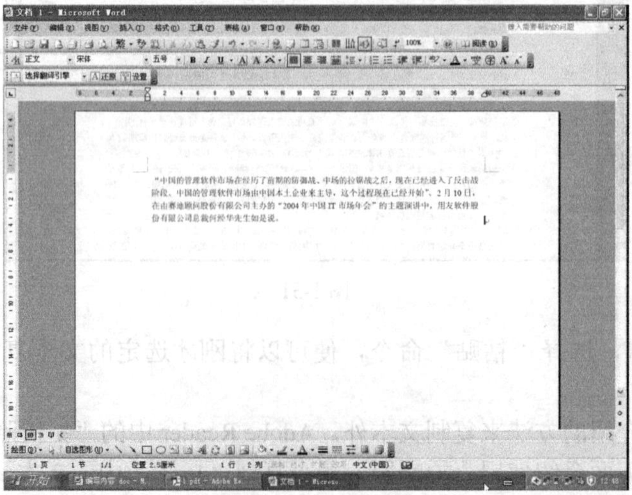

图 1-34

小提示

在 Adobe Reader 中复制表格与图形的方法与复制文本是一样的。需要注意的是，若采用“拍快照”命令复制，选定区域是作为位图被复制的，在其他应用程序中打开后将不可编辑其内容。

任务评价

任务考核评价表

任务名称　PDF 文件制作与阅读

班级：　　姓名：　　学号：						
评价项目	评价标准	评价依据	评价方式		得分	备注
			小组	老师		
职业素质	1. 遵守课堂纪律 2. 按时完成任务 3. 学习主动积极	课堂表现				
专业能力	1. 能够在计算机中安装 pdfFactory Pro 软件并调出软件虚拟打印机 2. 能够使用 pdfFactory Pro 将普通文档格式转换成 PDF 文件 3. 能够使用 pdfFactory Pro 将多个文档整合到一个 PDF 文件中 4. 能够在计算机中安装 Adobe Reader 软件 5. 能够使用 Adobe Reader 打开与保存 PDF 文件 6. 能够使用 Adobe Reader 阅读 PDF 文件 7. 能够使用 Adobe Reader 复制 PDF 文件中的文本、表格式与图形	能够按要求进行相关操作				
方法能力	1. 能够灵活进行操作，并且采用多种方法进行操作 2. 能够借助网络进行任务拓展	能够进行知识迁移				
指导教师综合评价	指导教师签名：　　　　日期：					

任务拓展

Doc 格式和 Pdf 格式是使用相当多的两种文件格式。前者优势在于写，后者优势在于读，遗憾的是两者不能直接互相打开使用。

使用 SolidConverter PDF 可以把 pdf 文件转换成 word 文档。SolidConverter PDF 安装后，会在 Word 工具栏上生成两个按钮“Open PDF”与“Create PDF”。“Open PDF”用来把 pdf 文件转换成 word 文档，“Create PDF” 用来把 word 文档转换成 pdf 文件。

任务 3　翻译软件的使用

任务目标

（1）掌握有道词典软件的基本操作；
（2）掌握金山快译软件的基本操作。

任务布置

一、有道词典软件

（1）在计算机中安装有道词典软件；
（2）分别掌握“词典”选项卡、“例句”选项卡、“百科”选项卡和“翻译”选项卡的应用。

二、金山快译软件

（1）在计算机中安装金山快译软件；
（2）掌握金山快译的高级翻译功能；
（3）掌握金山快译的批量翻译功能。

任务实施

一、有道词典软件

1. 软件功能介绍

有道词典是网易有道出品的一款占用内存较小，但功能较强大的翻译软件，通过独创的网络释义功能，囊括互联网上的流行词汇与海量例句，具有中英文互译、中日文互译、中韩文互译、中法文互译的功能。

2. 软件的安装

（1）找到安装文件 YoudaoDict.exe，双击该文件，进入安装向导。如图 1-35 所示。

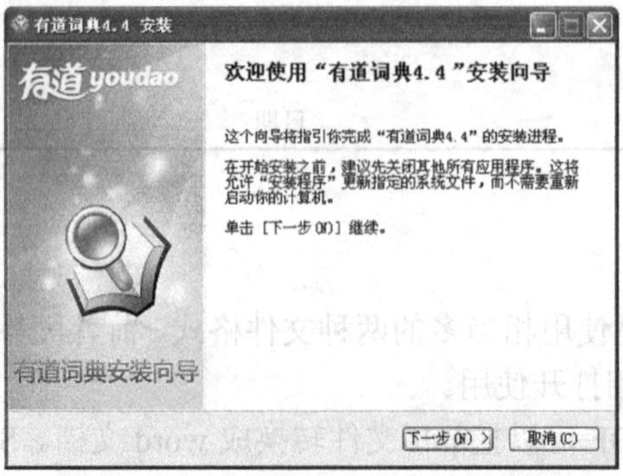

图 1-35

（2）在弹出的窗口中单击“浏览”按钮可以选择安装目录，建议采用默认的安装目录，然后单击“下一步”按钮。如图 1-36 所示。

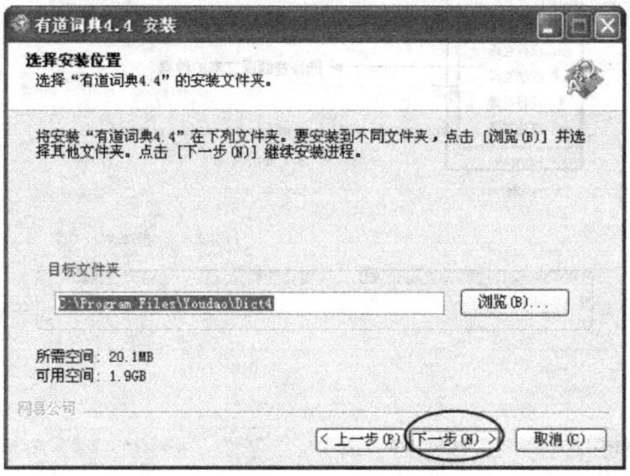

图 1-36

（3）单击“完成”按钮，结束安装。如图 1-37 所示。

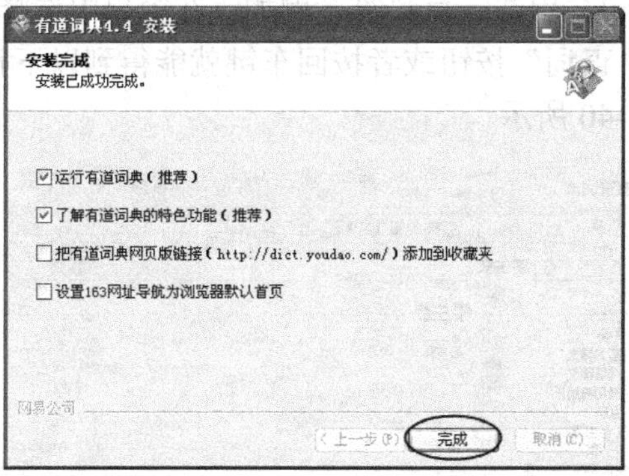

图 1-37

（4）在安装成功后，在“开始/程序”菜单中会出现“有道”菜单项，在桌面上会出现一个图标。双击该图标，即可打开有道词典 4.4 的程序主界面窗口，如图 1-38 所示。

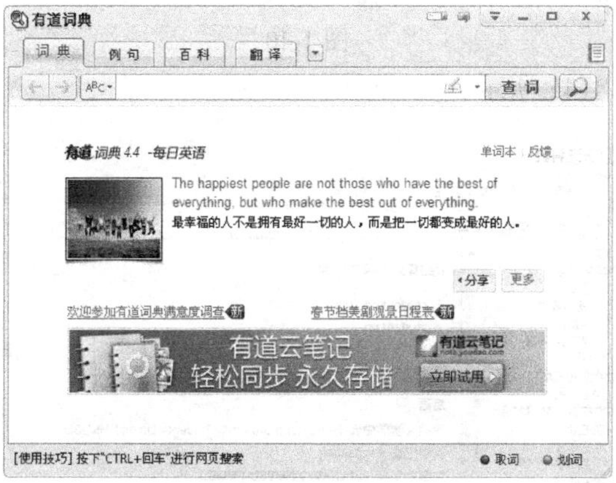

图 1-38

3. 应用实例

（1）“词典”选项卡。

① 首先在窗口中选择要翻译文本的种类，如图 1-39 所示。

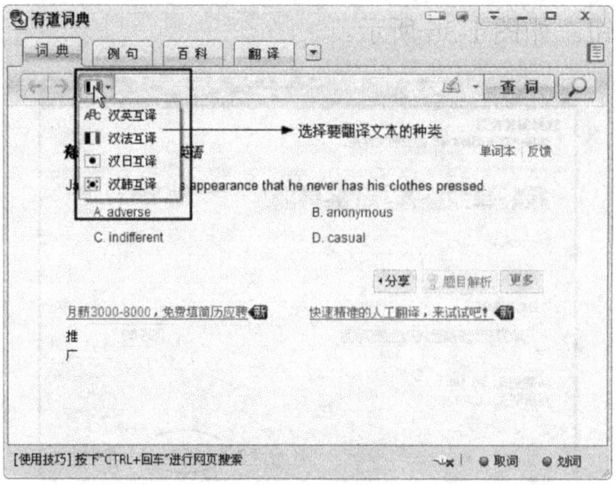

图 1-39

② 在输入框中输入搜索词，单击“查词”按钮或者按回车键就能得到查询结果。包括基本释义、网络释义、例句与用法、百科等。例如，在窗口中选择汉英互译，然后在输入框中输入“学生会”，单击“查词”按钮或者按回车键就能得到以下查询结果。

a．基本释义。如图 1-40 所示。

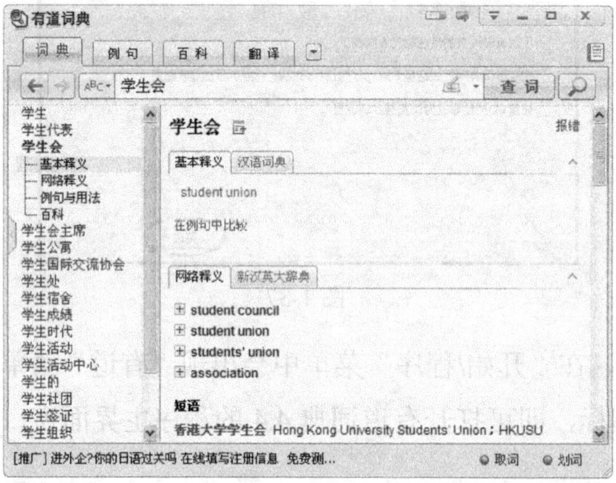

图 1-40

b．网络释义。如图 1-41 所示。

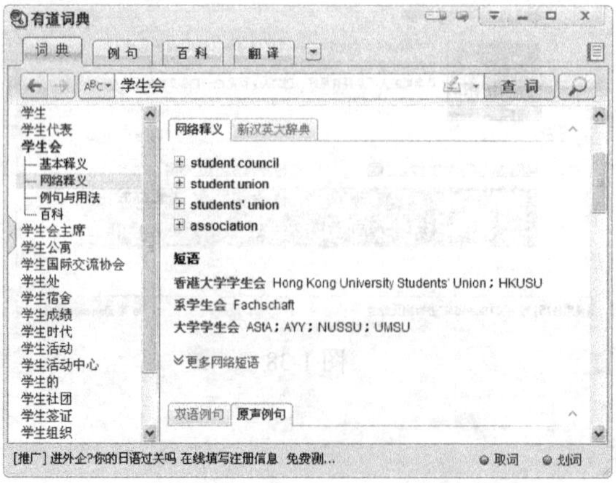

图 1-41

c．例句与用法。如图 1-42 所示。

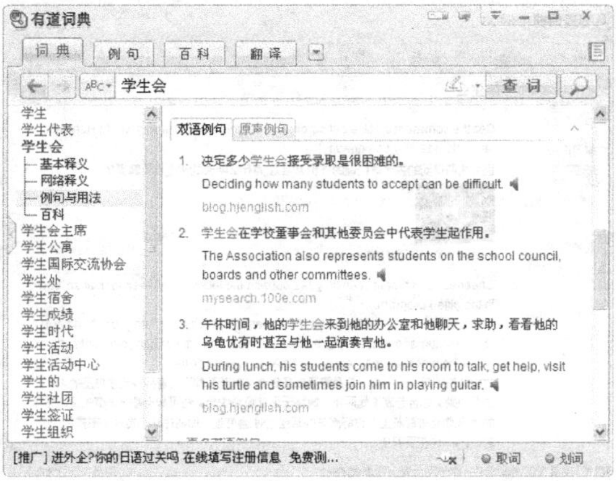

图 1-42

d．百科。如图 1-43 所示。

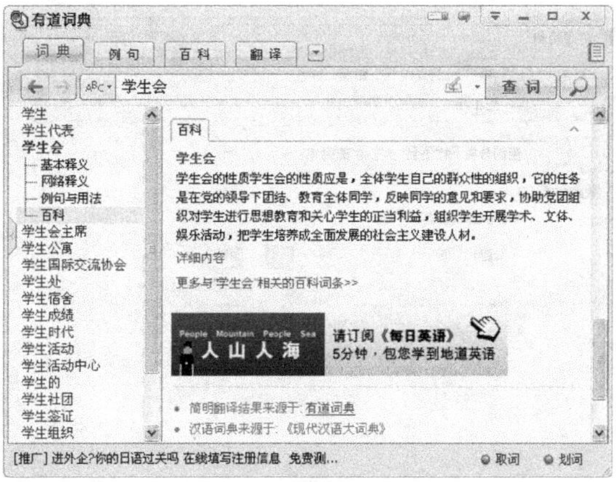

图 1-43

（2）“例句”选项卡。

单击“例句”选项卡，能得到以下查询结果，包括双语例句、原声例句、权威例句等。

① 双语例句。如图 1-44 所示。

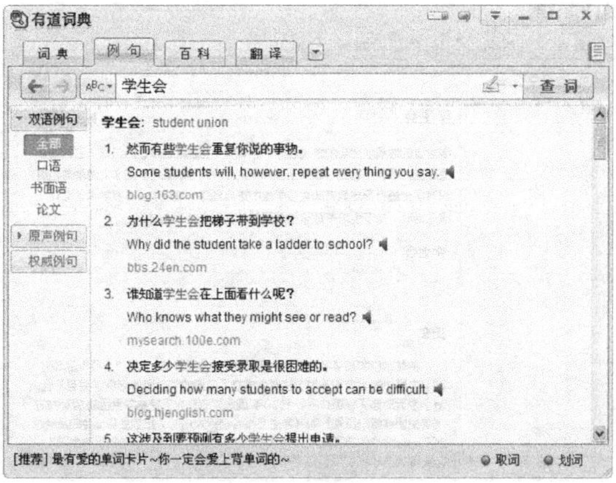

图 1-44

② 原声例句。如图 1-45 所示。

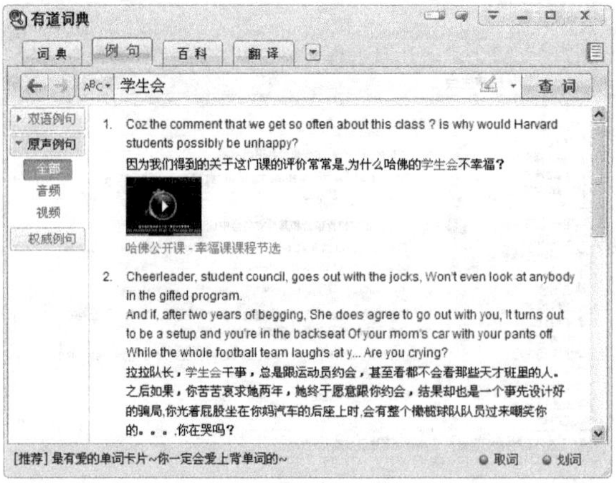

图 1-45

③ 权威例句。如图 1-46 所示。

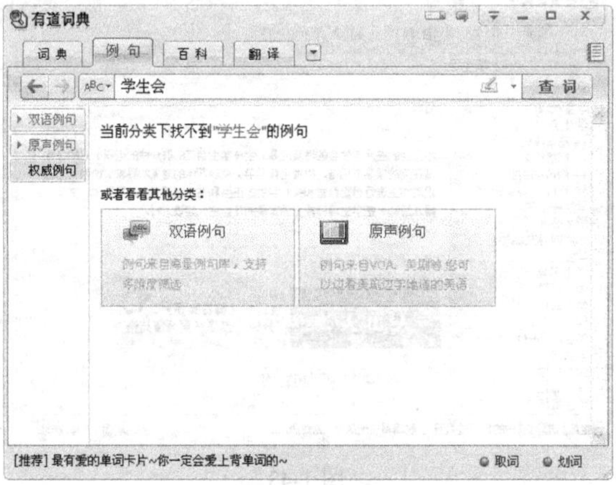

图 1-46

（3）“百科”选项卡。

单击“百科”选项卡，能得到以下查询结果，如图 1-47 所示。

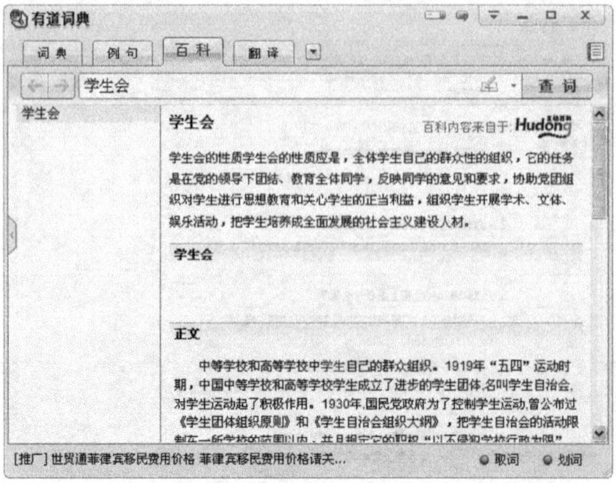

图 1-47

（4）“翻译”选项卡。

有两种翻译模式：左右对照和上下对照。同时可以对翻译语种进行选择。如图 1-48、图 1-49 所示。

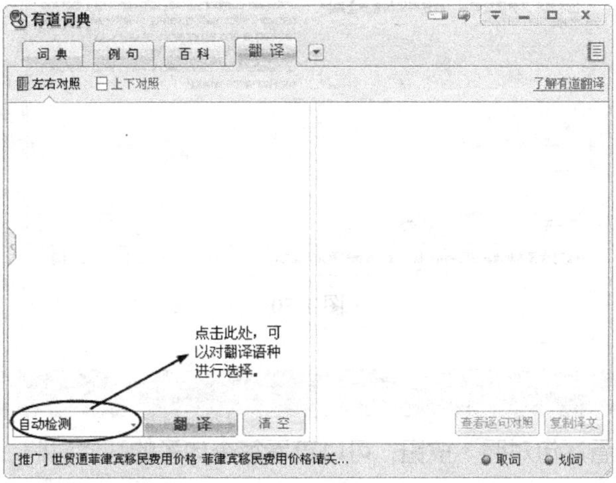

图 1-48

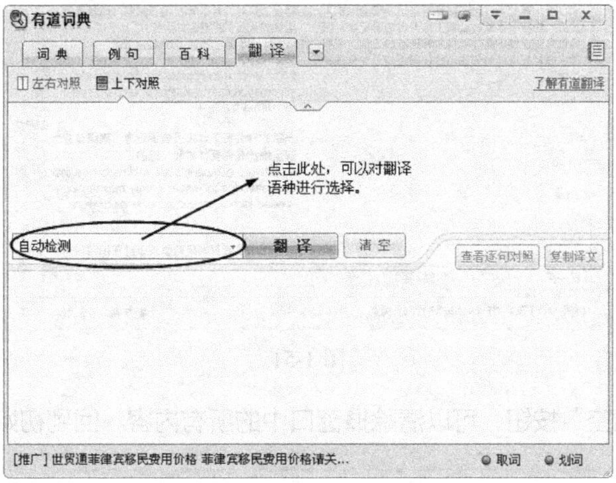

图 1-49

【例 1-6】将下面一段文字翻译成英语。

在本月中旬举行的电子、计算机行业专场招聘会上，好几家公司打出了招聘网络信息安全维护人员的广告。一家软件公司工作人员告诉记者，网络信息安全维护是需要技术和经验的工作，只有技术或者只有经验都难以胜任网络信息安全维护工作。

操作步骤

选择“翻译”选项卡，在弹出的窗口中选择“左右对照”模式或者“上下对照”模式，选择翻译语种为“汉→英”，然后单击“翻译”按钮即可。如图 1-50 所示。

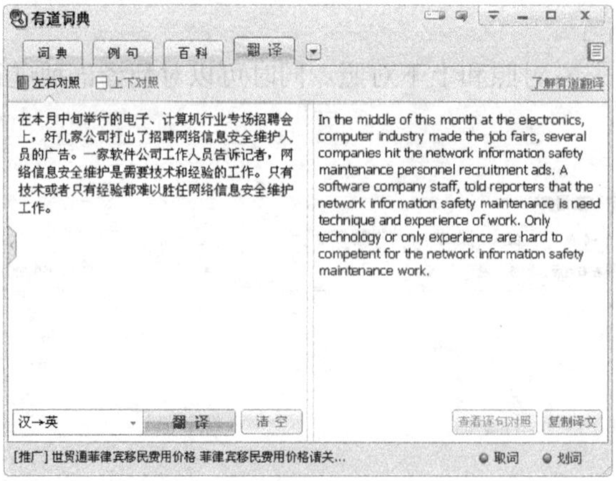

图 1-50

小提示

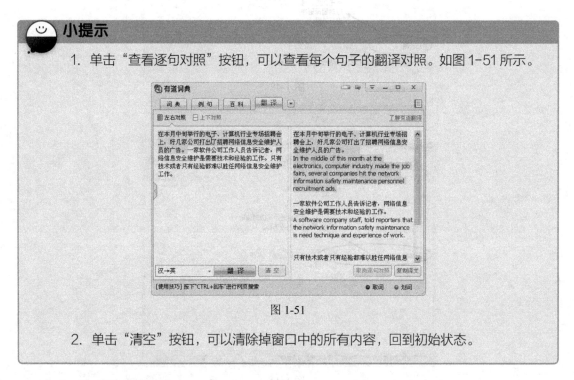

1. 单击“查看逐句对照”按钮，可以查看每个句子的翻译对照。如图 1-51 所示。

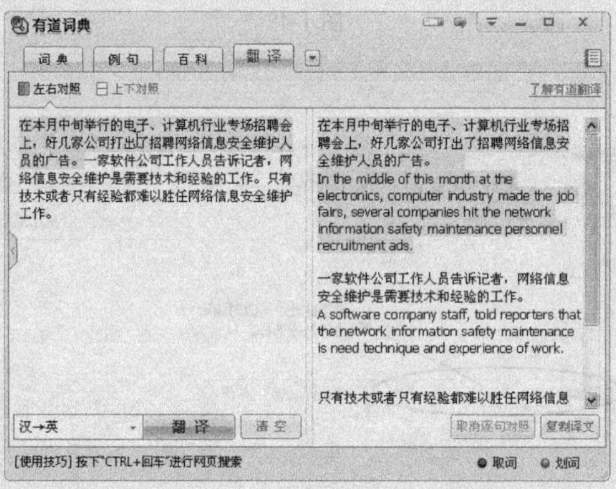

图 1-51

2. 单击“清空”按钮，可以清除掉窗口中的所有内容，回到初始状态。

二、金山快译软件

1. 软件功能介绍

金山快译个人版 1.0 是金山软件出品的优质翻译软件——金山快译系列产品的最新全功能免费版产品。金山快译是一款强大的中日英翻译软件，既为您提供了广阔的辞海，也是灵活准确的翻译家。金山快译可以快速便捷地帮助用户在办公软件、浏览器以及聊天工具里实现中日英繁的语言文本翻译，是很多用户非常心仪的选择。

2. 软件的安装

（1）找到安装文件 FastAIT_PE_Setup.25269.4111.exe，双击该文件，进入安装向导。如图 1-52 所示。

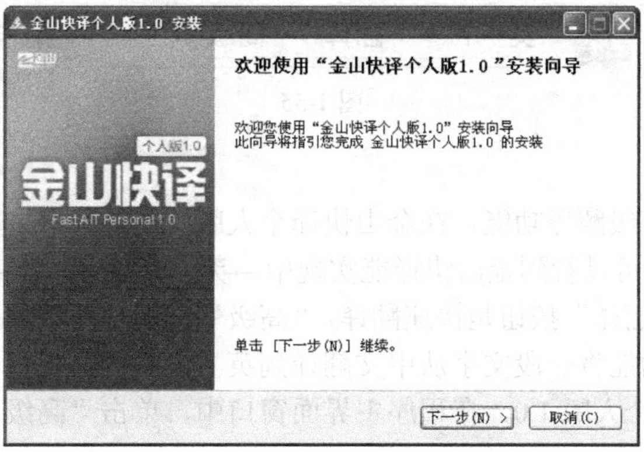

图 1-52

（2）在弹出的窗口中单击“浏览”按钮可以选择安装目录，建议采用默认的安装目录，然后单击“安装”按钮。如图 1-53 所示。

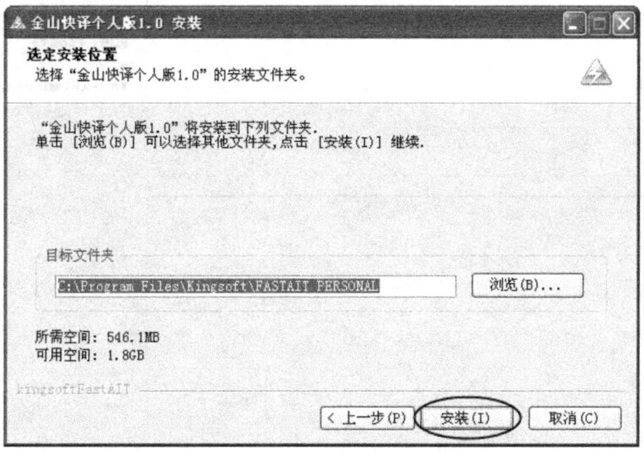

图 1-53

（3）单击“完成”按钮，结束安装。如图 1-54 所示。

图 1-54

（4）在安装成功后，在“开始/程序”菜单中会出现“金山快译个人版 1.0”菜单项，在桌面上会出现一个图标。双击该图标，即可打开金山快译个人版 1.0 的程序主界面窗口，如图 1-55 所示。

图 1-55

3. 应用实例

（1）金山快译的高级翻译功能。在金山快译个人版 1.0 的程序主界面窗口中，单击“翻译”按钮前的下拉框，可以看到金山快译能实现中→英、英→中、繁→英、英→繁、日→中、日→繁之间的翻译。“翻译”按钮是快速翻译，“高级”按钮是高级翻译。下面，我们就通过金山快译的高级翻译功能将一段文字从中文翻译到英文。

① 运行金山快译个人版 1.0，在程序主界面窗口中，单击“高级”按钮，可以打开高级翻译窗口。如图 1-56 所示。

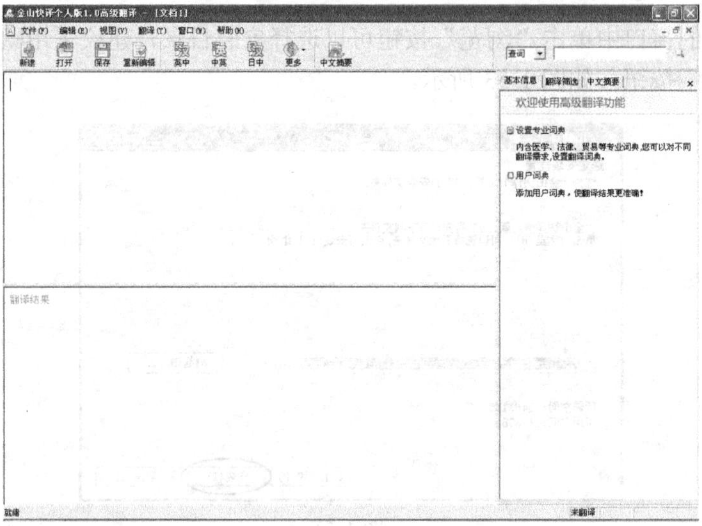

图 1-56

② 将需要翻译的文字放在上面的窗口中。如图 1-57 所示。

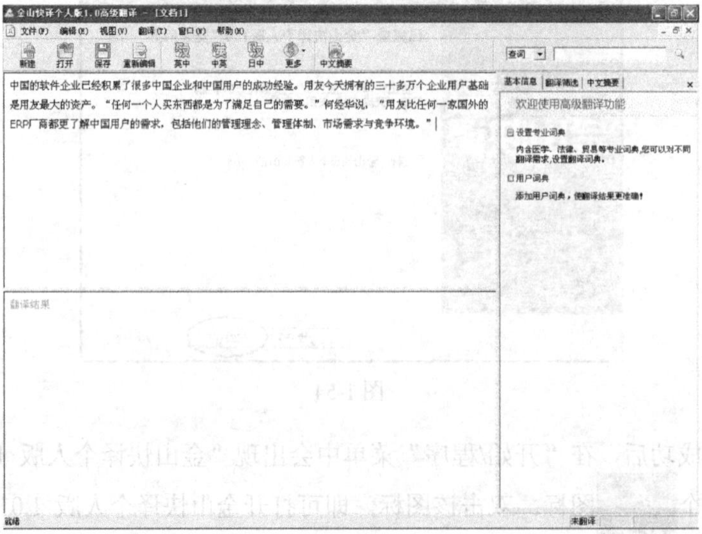

图 1-57

③ 单击工具栏中的“中英”按钮，即可完成翻译。如图 1-58 所示。

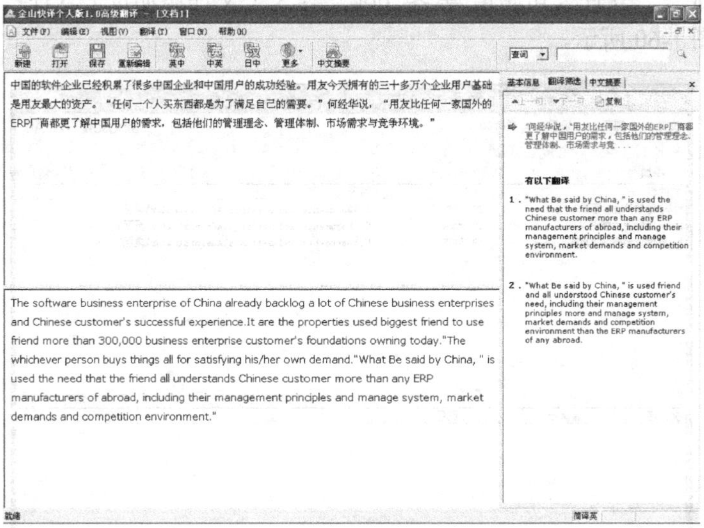

图 1-58

小提示

虽然用户可以很方便地使用金山快译的翻译功能，但软件对较为复杂的句式并不能翻译出完全令人满意的效果。因此对一些翻译的内容，可以进行大概的句意参考。

（2）金山快译的批量翻译功能。批量翻译是指多个文件格式相同的文件同时翻译。这样可以减少用户重复操作的麻烦，从而大大节省了操作时间。

① 在高级翻译窗口中，选择“翻译/批量翻译”命令，即可打开批量翻译窗口。如图 1-59 所示。

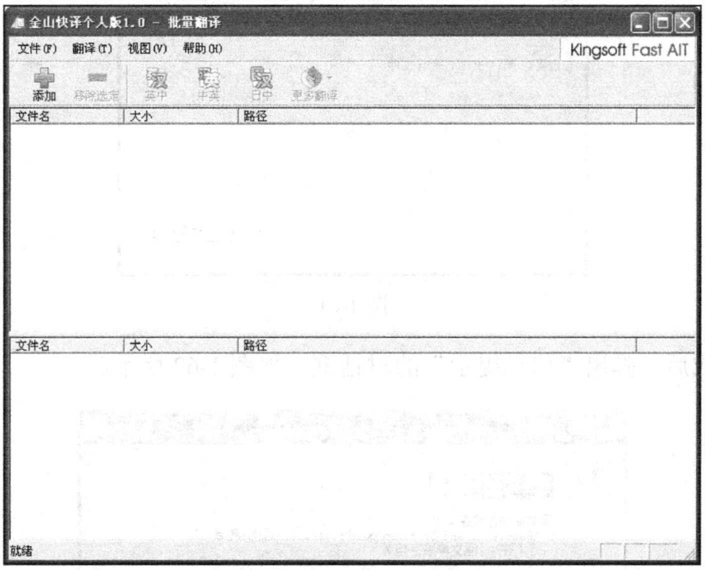

图 1-59

② 单击“添加”按钮，在弹出的对话框中选择需要翻译的文件，然后单击“打开”按

钮，即可将文件添加到上半部分的窗口中。这里我们依次将“中国软件业全面反攻.doc”、“伊朗制服太极虎.doc”、“软件公司聘请‘黑客’.doc”等3个文件添加进去（注：这3个文件均是简体中文）。如图1-60所示。

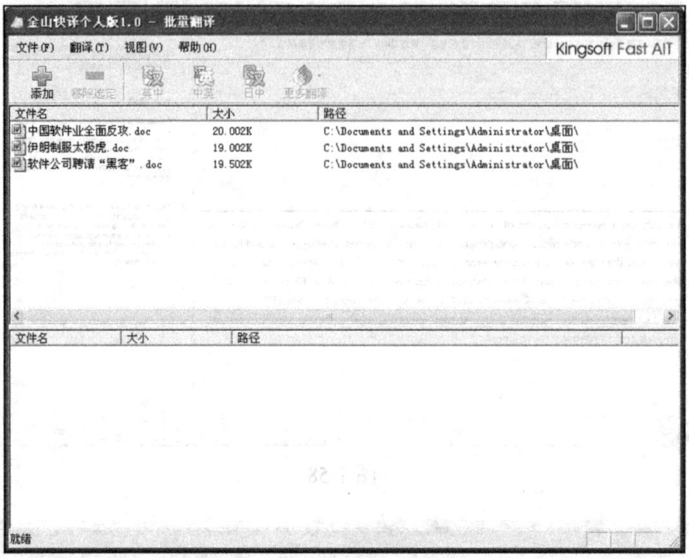

图1-60

③ 单击工具栏中的“中英”按钮，弹出“翻译设置”对话框。包括译文文件存储目录、确定待翻译文件的编码、翻译存档方式、当转换文件已存在时，希望进行的操作等。将各项设置好后，单击“进行翻译”按钮，即可进行翻译。如图1-61所示。

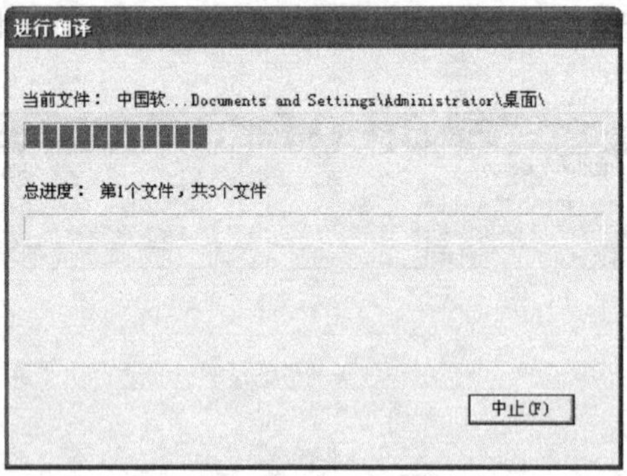

图1-61

④ 翻译完成后，弹出“信息提示”的对话框。如图1-62所示。

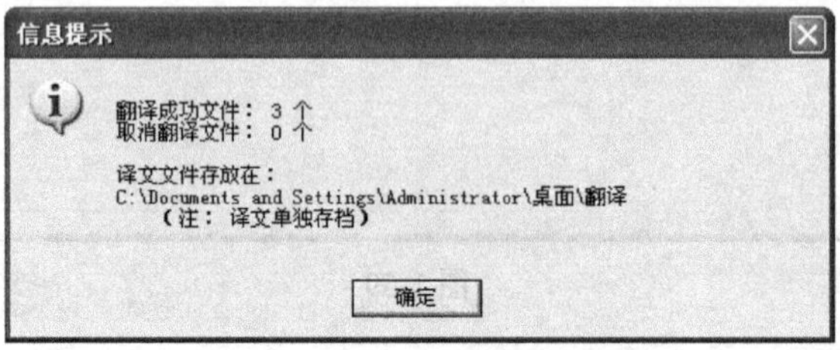

图1-62

⑤ 单击“确定”按钮，在“批量翻译”窗口的下半部分显示翻译后3个文件的文件名、大小和路径。如图1-63所示。

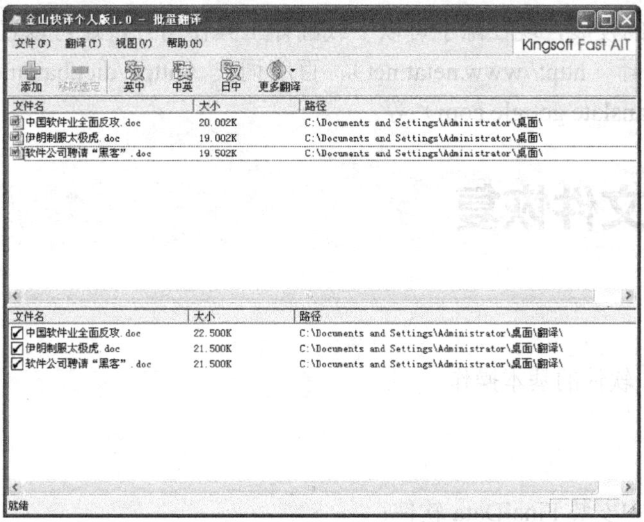

图1-63

⑥ 根据译文文件的存放路径即可找到译文文件。

任务评价

任务考核评价表

任务名称　翻译软件的使用

班级：　　　姓名：　　　学号：

评价项目	评价标准	评价依据	评价方式		得分	备注
			小组	老师		
职业素质	1. 遵守课堂纪律 2. 按时完成任务 3. 学习主动积极	课堂表现				
专业能力	1. 能够在计算机中安装有道词典软件 2. 能够分别掌握“词典”选项卡、“例句”选项卡、“百科”选项卡和“翻译”选项卡的应用 3. 能够在计算机中安装金山快译软件 4. 能够掌握金山快译的高级翻译功能 5. 能够掌握金山快译的批量翻译功能	能够按要求进行相关操作				
方法能力	1. 能够灵活进行操作，并且采用多种方法进行操作 2. 能够借助网络进行任务拓展	能够进行知识迁移				
指导教师综合评价	指导教师签名：　　　　日期：					

任务拓展

随着网络技术的发展，现在除了可以下载翻译工具使用外，还可以直接通过网页实现在线翻译，如金桥翻译（http://www.netat.net）、百度词典（http://dict.baidu.com）以及 Google 在线翻译（http://translate.google.com）等。

任务 4　文件恢复

任务目标

掌握 FinalData 软件的基本操作。

任务布置

（1）在计算机中安装 FinalData 软件；
（2）使用 FinalData 软件对文件和文件夹进行恢复。

任务实施

一、软件功能介绍

FinalData 是一款功能非常强大的数据恢复工具。它能够帮助用户恢复丢失的文件以及重建文件系统，也可以从被病毒破坏或是已经格式化的硬盘中恢复数据。

二、软件的安装

双击 FinalData.exe 文件，不用安装，即可打开 FinalData 企业版 v2.0 的程序主界面窗口。如图 1-64 所示。

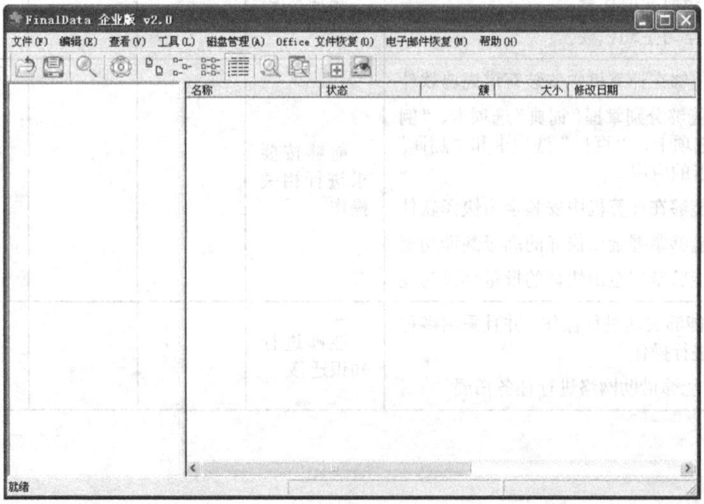

图 1-64

三、应用实例

使用 FinalData 来恢复文件和文件夹的一般方法是：选择需要恢复的文件或文件夹所在的逻辑分区，开始扫描。扫描完成后找到需要恢复的文件或文件夹，然后选择文件夹来保存自己需要恢复的文件或文件夹即可。下面以恢复 E 盘的文件夹为例来进行说明。

（1）选择“文件”菜单中的“打开”选项，选择被删除的文件夹所在的逻辑分区。这里选择 E 盘。如图 1-65 所示。

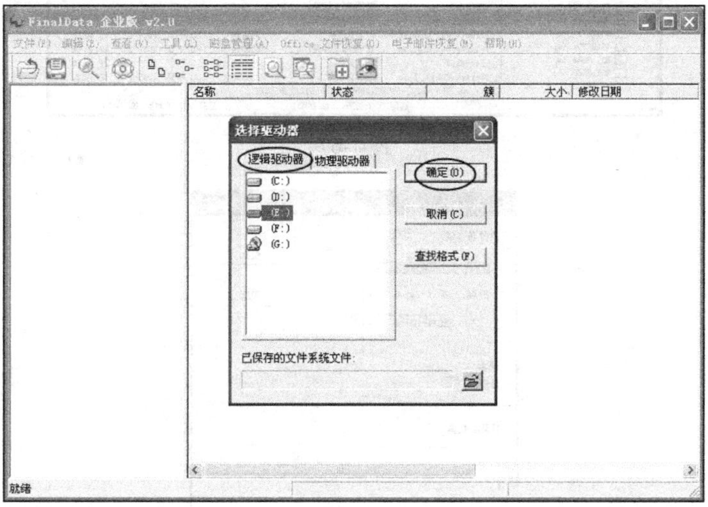

图 1-65

接着会弹出如图 1-66 所示的对话框，让用户选择搜索的簇范围。如果用户能知道自己所删除的文件或文件夹所在的簇范围，就合理调整这个搜索范围，否则就按“确定”按钮，让它自己寻找就可以了。

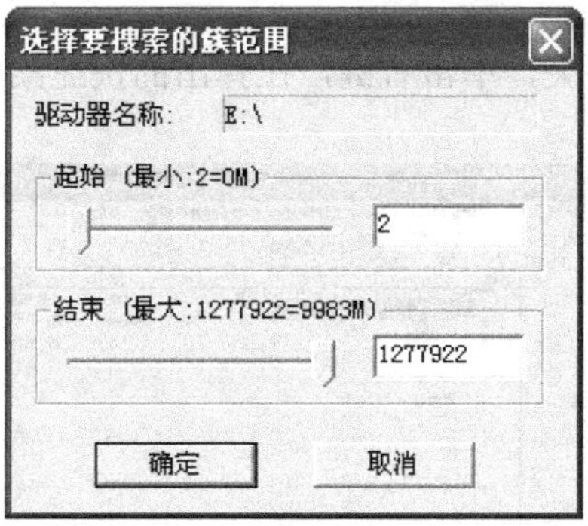

图 1-66

（2）在弹出的对话框中，可以看到这个分区里的所有文件夹，包括已删除文件夹和正常文件夹。如图 1-67 所示。

（3）通过查找，找到需要恢复的文件或文件夹。查找的方法为：选择“文件”菜单中的“查找”选项，在弹出的查找对话框中输入查找的关键字，如图 1-68 所示。

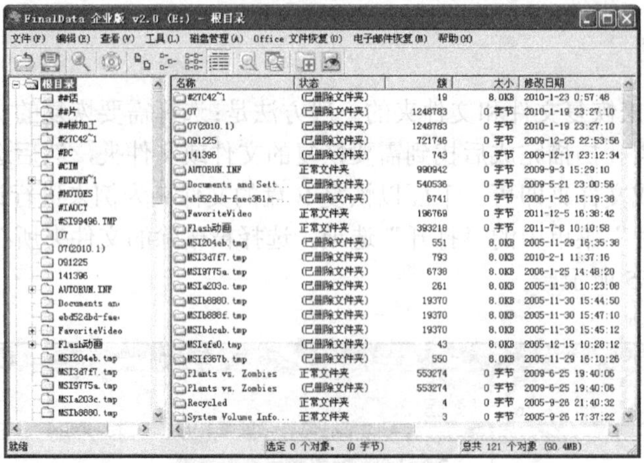

图 1-67

图 1-68

小提示

查找的方式与 Windows 中的搜索是一样的，共有三种，可以按文件名、簇的范围和文件的创建修改时间来查找。这里是以文件修改的时间为例来进行查找。

（4）选择需要恢复的文件夹，单击右键，在弹出的快捷菜单里选择“恢复”选项，如图 1-69 所示。

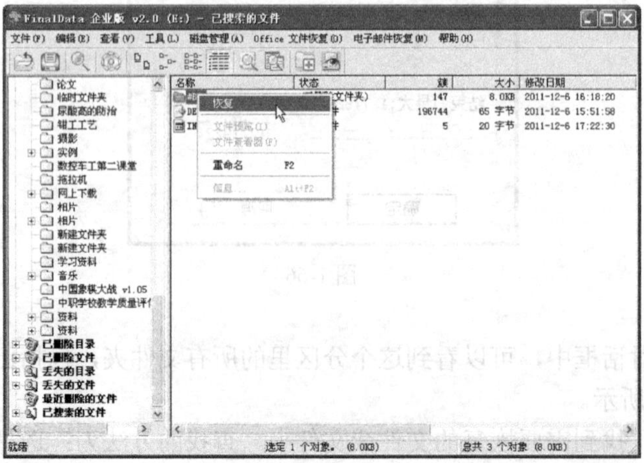

图 1-69

小提示

如果文件的状态是损坏的文件，则说明该文件所在的区域已经被重新写入了文件，无法恢复。

（5）选择相应的文件夹来保存自己需要恢复的文件或文件夹，单击保存按钮，就可以完成文件的恢复，如图 1-70 所示。

图 1-70

任务评价

任务考核评价表

任务名称　文件恢复

班级：　　　　姓名：　　　　学号：

评价项目	评价标准	评价依据	评价方式		得分	备注
			小组	老师		
职业素质	1. 遵守课堂纪律 2. 按时完成任务 3. 学习主动积极	课堂表现				
专业能力	1. 能够在计算机中安装 FinalData 软件 2. 能够使用 FinalData 软件对文件和文件夹进行恢复	能够按要求进行相关操作				
方法能力	1. 能够灵活进行操作，并且采用多种方法进行操作 2. 能够借助网络进行任务拓展	能够进行知识迁移				
指导教师综合评价	指导教师签名：　　　　日期：					

任务拓展

FinalData 使用技巧：

（1）删除了文件的分区最好暂时不要写入新文件。

（2）如果 Windows 不能启动了，最好再准备一块硬盘，安装上 FinalData，将要修复的硬盘作为从盘处理。

（3）如果磁盘上碎片非常多，会给复原带来麻烦，文件的复原数目会打折扣。所以，注意经常整理硬盘会有很大好处。

任务 5　文件加密

任务目标

掌握 Easycode Boy Plus 软件的基本操作。

任务布置

（1）在计算机中安装 Easycode Boy Plus 软件；

（2）使用 Easycode Boy Plus 软件进行文件加密、文件解密和 EXE 加密。

任务实施

一、软件功能介绍

Easycode Boy Plus 软件是一款功能强大的小巧高速的加密软件，对加密文件的大小不限、类型不限。它采用高速算法，加密速度快，安全性能高。软件界面美观，操作非常容易上手，并且还集成了文件分割、伪装目录、嵌入文件等实用小工具。同时还可以对软件本身进行加密，具有更高的安全性。

二、软件的安装

双击“可加密任何文件.exe”文件，不用安装，即可打开 Easycode Boy Plus v5.5 的程序主界面窗口。如图 1-71 所示。

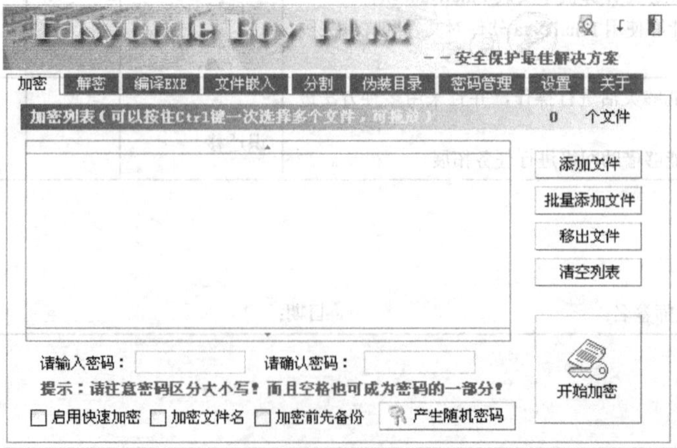

图 1-71

三、应用实例

1. 文件加密

运行软件后自动显示到“加密”选项卡。单击右侧的“添加文件”按钮进行添加，我们也可以按住 Ctrl 键进行多选，选择完毕后在密码提示框中输入并确认密码。如果你觉得自己的密码不够安全，可以点“产生随机密码”按钮，软件会根据你的选择自动产生一个相对比较安全的密码。一切就绪后就可以单击“开始加密”对文件进行加密了。

【例 1-7】对 word 文档“中国软件业全面反攻.doc”进行加密。

加密前后打开文档的效果分别如图 1-72、图 1-73 所示。可以看到，加密后文档的内容已经被一些乱码所代替。

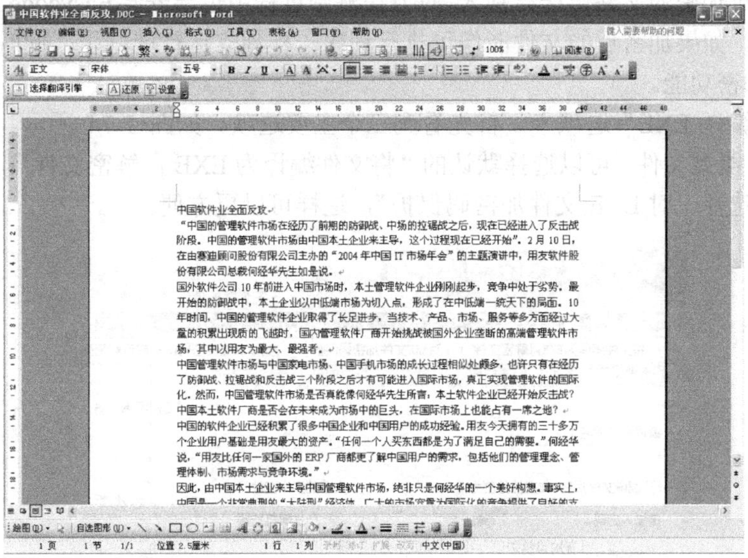

图 1-72

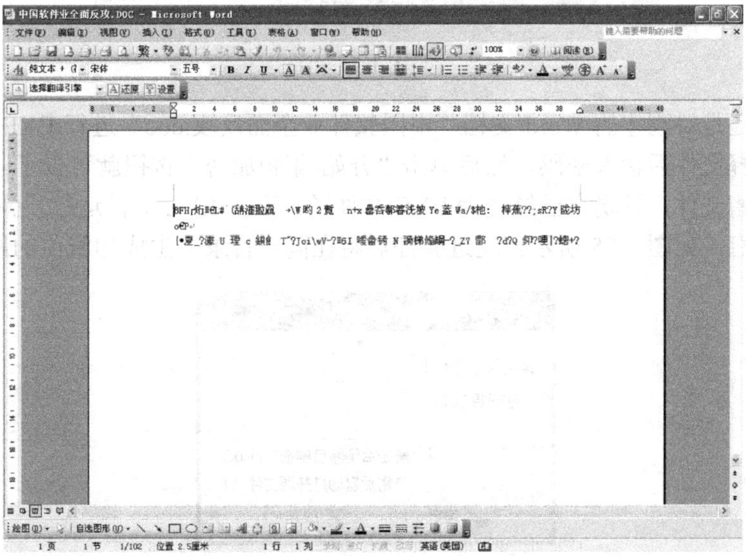

图 1-73

小提示

（1）在进行文件加密前建议勾选“加密前先备份”选项。

（2）如果待加密文件不是很大，不建议选择“启用快速加密”功能。

（3）如果准备对一个文件夹或者磁盘目录下的文件进行批量加密，只需要在添加文件时选择“批量添加文件”即可。

（4）该软件支持文件拖放功能，可以直接把要加密的文件拖到软件界面上。

2. 文件解密

切换到“解密”选项卡，添加需要解密的文件，输入密码后点“开始解密”按钮就可以了。

3. EXE 加密

如果将经过加密的文件传送给别人，对方在解密过程中也要安装Easycode Boy Plus软件，这样就很麻烦。如果加密后的文件能像可执行程序一样独立运行就好了，此时我们就要借助软件的 EXE 加密功能。

切换到“编译 EXE”选项卡，首先看到三个主要选项。如图 1-74 所示。如果你加密的文件不是 EXE 类型文件，可以选择默认的“将文件编译为 EXE 自解密文件”；如果是加密可执行程序最好选择“对 EXE 文件加密码保护”，这样可以更方便。

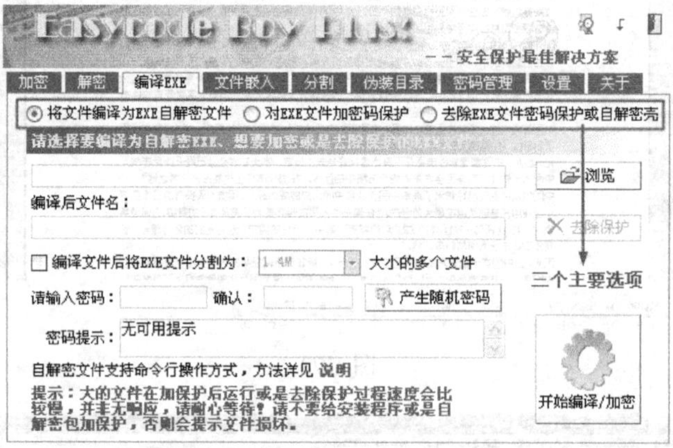

图 1-74

这里我们还是对刚才的 Word 文档“中国软件业全面反攻.doc”进行 EXE 加密，所以选择第一项。选择文件后输入密码，然后单击“开始编译/加密”按钮就可以了。

找到被加密文件，发现它已经变为 EXE 文件了。双击 EXE 文件运行，弹出密码确认对话框和提示信息，如图 1-75 所示。通过验证后将在同一目录下生成加密前的原文件。

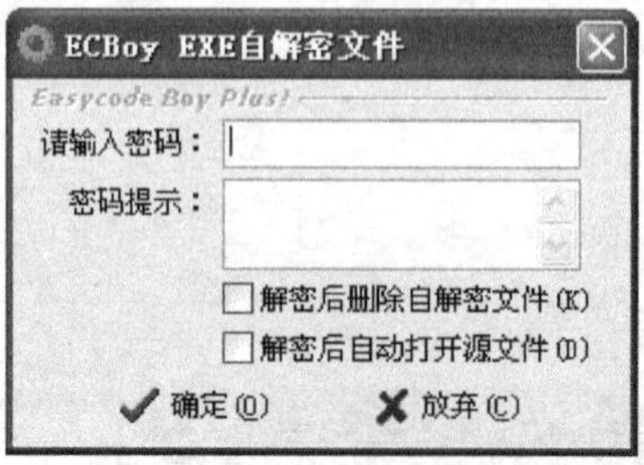

图 1-75

小提示

由于软件支持加密 EXE 文件，我们可以把身边一些小软件或者小游戏通过 Easycode Boy Plus 软件加密，然后传送给对方。对方只要知道加密密码就可以运行了，就好像给程序穿了一件保护衣。另外为了安全，我们也可以对 Easycode Boy Plus 软件本身进行“加密”，防止别人使用。方法是在“设置”选项卡的“进入程序必须输入密码”中输入启动密码。如图 1-76 所示。

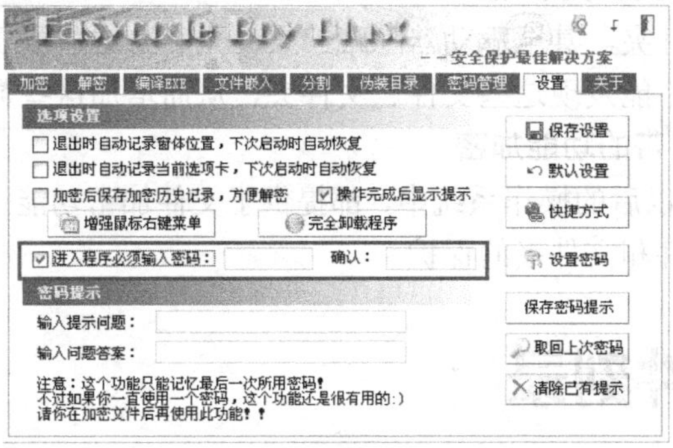

图 1-76

小提示

目前软件没有破解器，如果你忘记了加密后文件的密码，那就没办法恢复回来了。

任务评价

任务考核评价表

任务名称　文件加密

班级：　　　　姓名：　　　　学号：

评价项目	评价标准	评价依据	评价方式		得分	备注
			小组	老师		
职业素质	1．遵守课堂纪律 2．按时完成任务 3．学习主动积极	课堂表现				
专业能力	1. 能够在计算机中安装 Easycode Boy Plus 软件 2．能够使用 Easycode Boy Plus 软件进行文件加密 3．能够使用 Easycode Boy Plus 软件进行文件解密 4．能够使用 Easycode Boy Plus 软件进行 EXE 加密	能够按要求进行相关操作				
方法能力	1．能够灵活进行操作，并且采用多种方法进行操作 2．能够借助网络进行任务拓展	能够进行知识迁移				
指导教师综合评价	指导教师签名：　　　　日期：					

任务拓展

加密文件和文件夹有多种方法可供选择。通常有以下几种方法。

1. 使用加密工具软件

除了 Easycode Boy Plus 以外，还有文件加密大师、金锋文件加密器等都是非常不错的加密工具软件。

2. 隐藏文件、文件夹和驱动器

将重要的文件、文件夹，甚至驱动器隐藏起来，无疑给这些重要的文件、文件夹增加了一道安全屏障，让别人不能发现这些文件、文件夹，从而增加这些数据的安全性。

3. 利用操作系统自带的功能加密

在 Windows2000 及以后的操作系统中，都提供了文件加密功能。我们可以利用操作系统本身的加密功能实现文件和文件夹的保护。

任务 6　文件刻录

任务目标

掌握 Nero Burning ROM 软件的基本操作。

任务布置

（1）在计算机中安装 Nero Burning ROM 软件；

（2）使用 Nero Burning ROM 进行数据刻录；

（3）使用 Nero Burning ROM 复制光盘。

任务实施

一、软件功能介绍

Nero Burning ROM（以下简称 Nero）是一个由德国公司出品的光盘刻录工具。它支持中文长文件名刻录，并且支持 ATAPI（IDE）的光盘刻录机，可以刻录多种格式类型的光盘，如数据 CD、音乐 CD、VCD、超级 VCD、DVD 等。加上友好的操作界面，用户使用起来相当简单。

二、软件的安装

双击“Nero-9.4.12.3d_free.exe”文件，开始进入 Nero 9 免费版的安装过程。

（1）安装程序自解压。如图 1-77 所示。

（2）选择安装语言。如图 1-78 所示。

（3）安装 Nero Ask Toolbar。默认状态下自动勾选了，可以手动取消默认勾选不安装这个工具条。如图 1-79 所示。

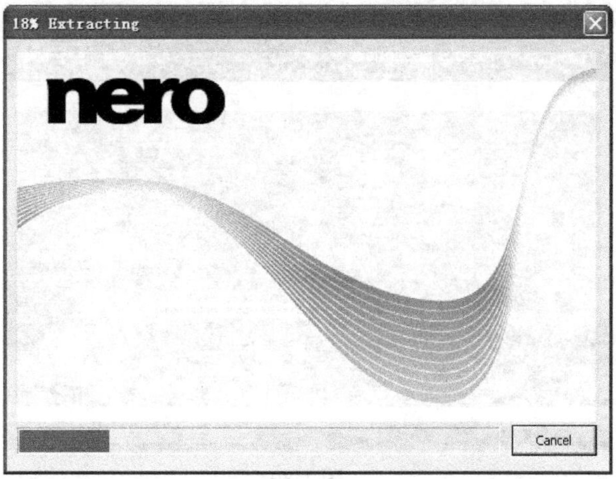

图 1-77

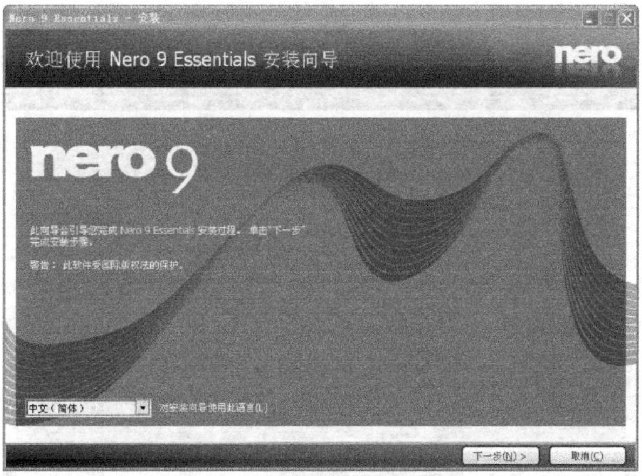

图 1-78

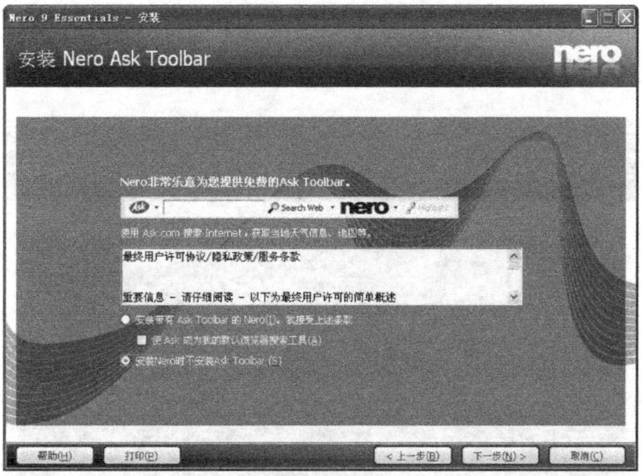

图 1-79

（4）输入序列号。Nero 9 免费版内置序列号，程序会自动添加一个序列号。用户只需单击“下一步”继续安装进程，如图 1-80 所示。

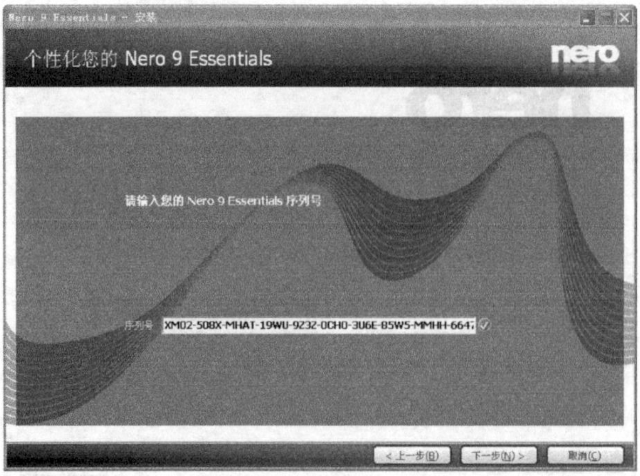

图 1-80

（5）弹出许可证条款对话框。在“我接受许可证条款”前面的方框里打√。如图 1-81 所示。

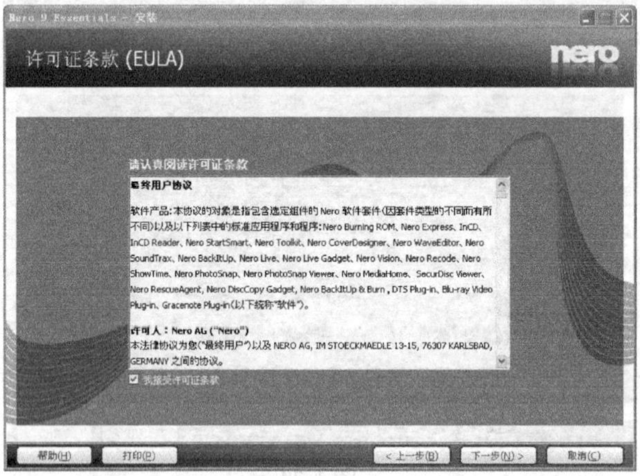

图 1-81

（6）选择安装类型。Nero 9 提供了两种安装类型供用户选择：典型和自定义。这里我们选择“典型”，如图 1-82 所示。

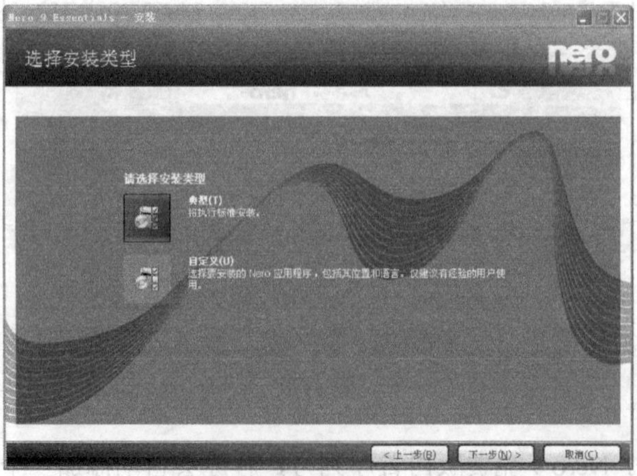

图 1-82

（7）正在安装 Nero 9。如图 1-83 所示。

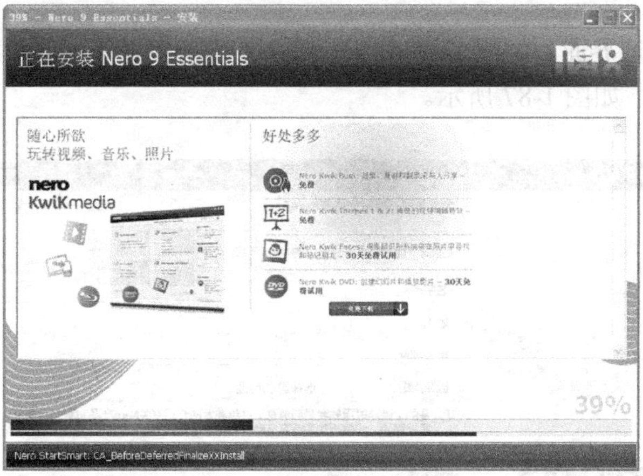

图 1-83

（8）弹出收集匿名信息的对话框，如图 1-84 所示。单击“下一步”按钮。

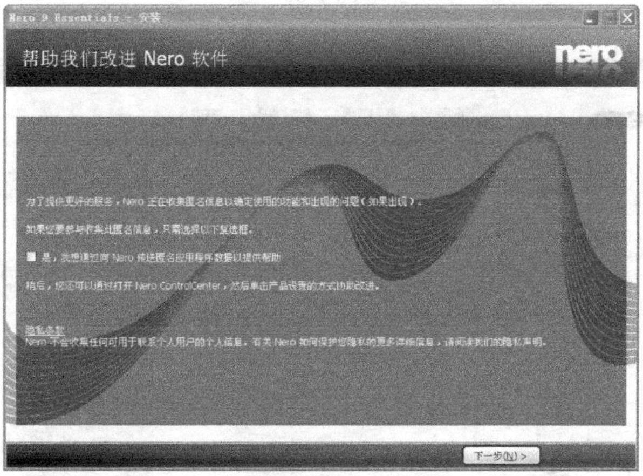

图 1-84

（9）安装成功。如图 1-85 所示。

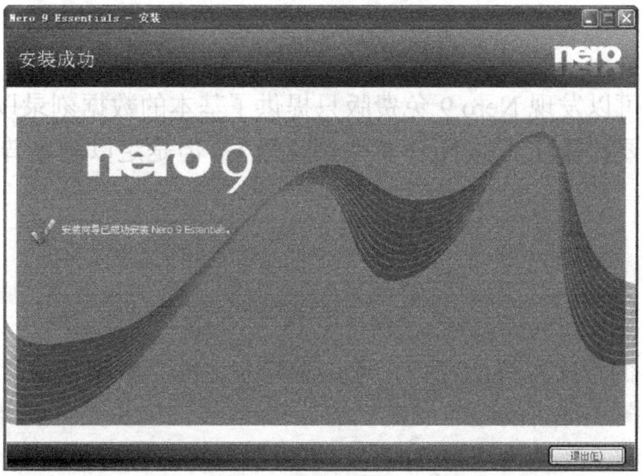

图 1-85

（10）在“开始/程序”菜单中会出现“Nero”菜单项，在桌面上会出现一个图标。

双击该图标，进入欢迎界面，如图 1-86 所示。单击“请稍后再提醒我”按钮，即可打开 Nero 9 的程序主界面窗口，如图 1-87 所示。

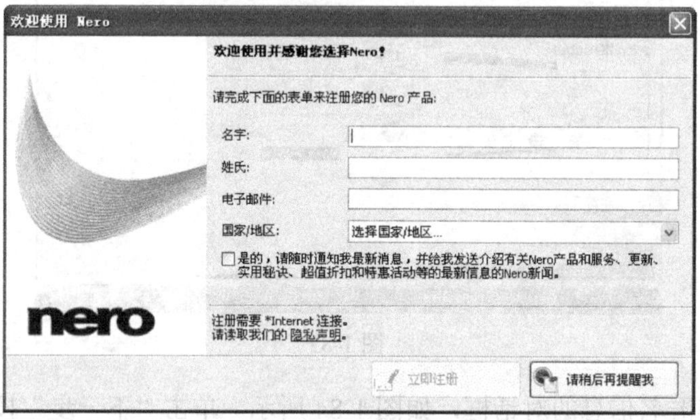

图 1-86

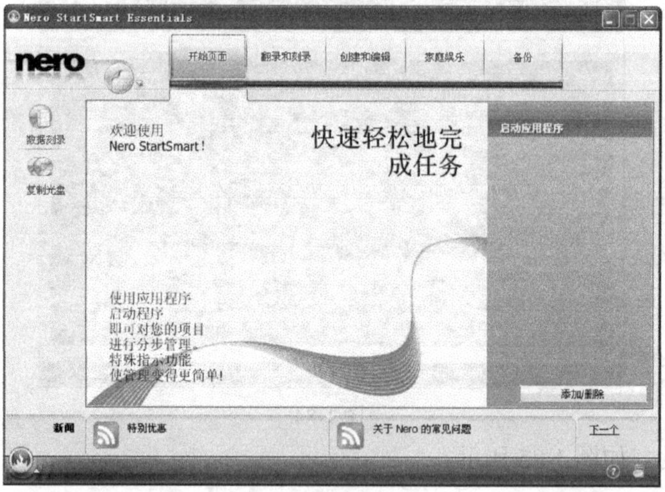

图 1-87

运行程序，我们可以发现 Nero 9 免费版只提供了基本的数据刻录以及复制光盘的功能，功能方面肯定没有需要花钱注册的 Nero 9 完整版强大，但是足以满足普通用户刻录光盘的简单需求。

三、应用实例

1. 数据刻录

（1）打开 Nero 9 的程序主界面窗口，单击窗口左边的“数据刻录”图标，即可进入刻录数据光盘的界面，如图 1-88 所示。

（2）对于光盘名称，默认为“MyDisc”，可以在方框内进行修改，如图 1-89 所示。

（3）单击“添加”按钮，打开“添加文件和文件夹”窗口，如图 1-90 所示。

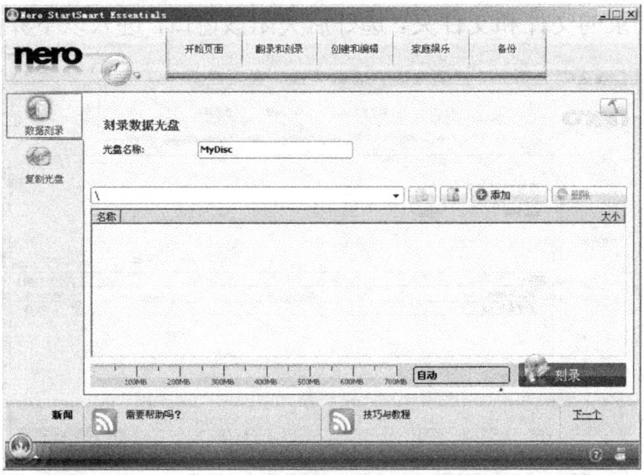

图 1-88

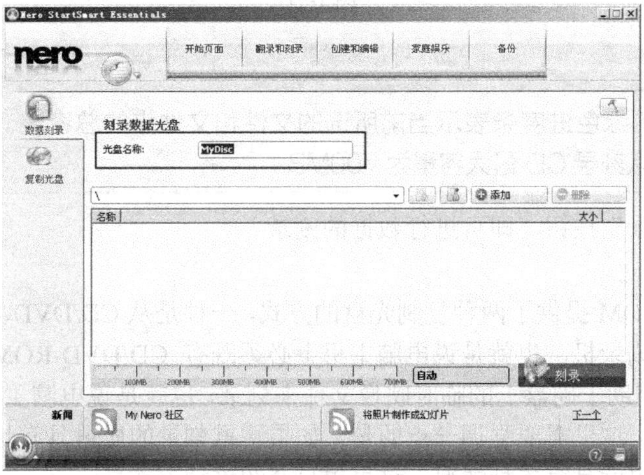

图 1-89

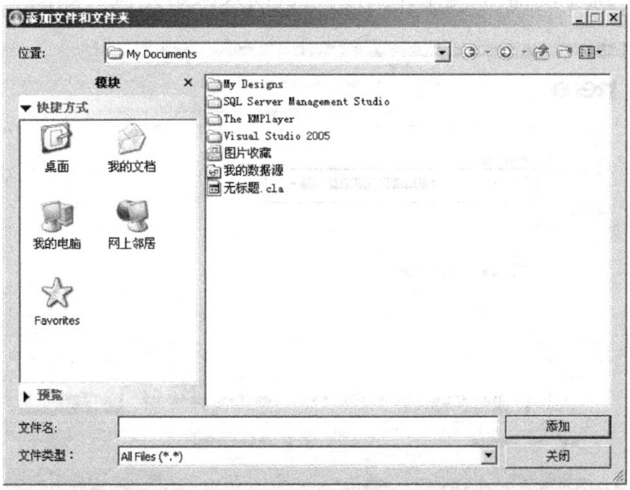

图 1-90

（4）选择需要刻录的文件和文件夹，选好后关闭该窗口，进入以下界面，如图 1-91 所示。

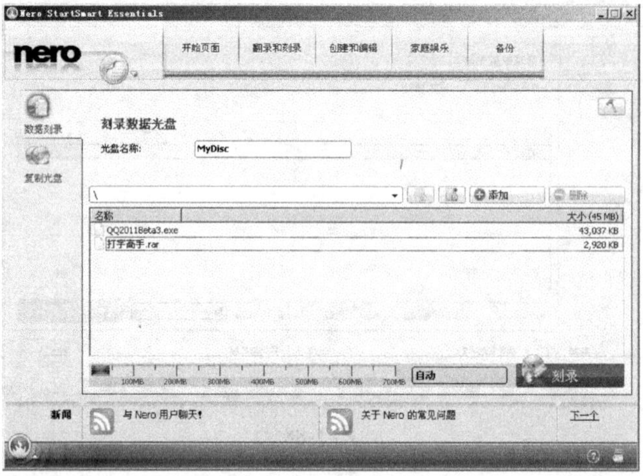

图 1-91

小提示

窗口下方的绿色进度条表示当前所选的文件和文件夹的总容量。总容量不能超过 700MB。（默认刻录 CD 最大容量为 700MB）

（5）单击“刻录”按钮，即可进行数据的刻录。

2. 复制光盘

Nero Burning ROM 提供了两种复制光盘的方式，一种是从 CD/DVD-ROM 驱动器快速复制（飞盘方式）到刻录机，也就是说电脑主机上必须既有 CD/DVD-ROM，还要有一台刻录机。另一种方式是借助于硬盘上的临时映像文件来刻录，也就是说电脑主机上只需有刻录机。两种方法各有利弊。这里需要强调一点的是，如果注重刻录的质量且有足够的时间，最好采用映像复制方式，也就是第二种情况。这里也只介绍这种方式。

（1）打开 Nero 9 的程序主界面窗口，单击窗口左边的“复制光盘”图标，即可进入复制光盘的界面。选择“源驱动器”，建议使用刻录机读入原始光盘。如图 1-92 所示。

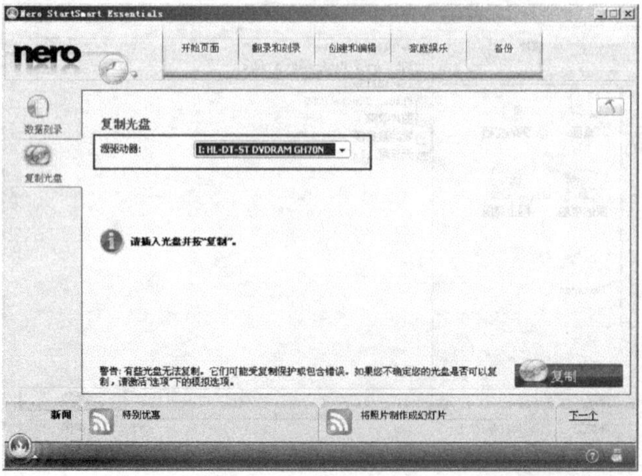

图 1-92

（2）单击“复制”按钮，刻录机的托盘会弹出，提示放入原光盘。如图 1-93 所示。

图 1-93

（3）放入原光盘后，会创建映像文件。创建完映像文件后，刻录机的托盘会弹出。在其中插入一张空盘并关闭托盘，随后将会进行光盘的刻录。我们可以在刻录窗口中跟踪刻录进度，刻录过程完成后会显示刻录结果。

任务评价

任务考核评价表

任务名称　文件刻录

班级：　　　　姓名：　　　　学号：

评价项目	评价标准	评价依据	评价方式		得分	备注
			小组	老师		
职业素质	1．遵守课堂纪律 2．按时完成任务 3．学习主动积极	课堂表现				
专业能力	1．能够在计算机中安装 Nero Burning ROM 软件 2．能够使用 Nero Burning ROM 进行数据刻录 3．能够使用 Nero Burning ROM 复制光盘	能够按要求进行相关操作				
方法能力	1．能够灵活进行操作，并且采用多种方法进行操作 2．能够借助网络进行任务拓展	能够进行知识迁移				
指导教师综合评价	指导教师签名：　　　　　　　　　日期：					

任务拓展

光盘刻录大师是一款所有功能完全免费的软件。光盘刻录大师涵盖了数据刻录、光盘备份与复制、影碟光盘制作、音乐光盘制作、音视频格式转换、音视频编辑、CD/DVD 音视频提取等多种功能。简洁的步骤、强大而高效的功能，将为您的影音数字生活带来极致的享受。

项目二

图像处理

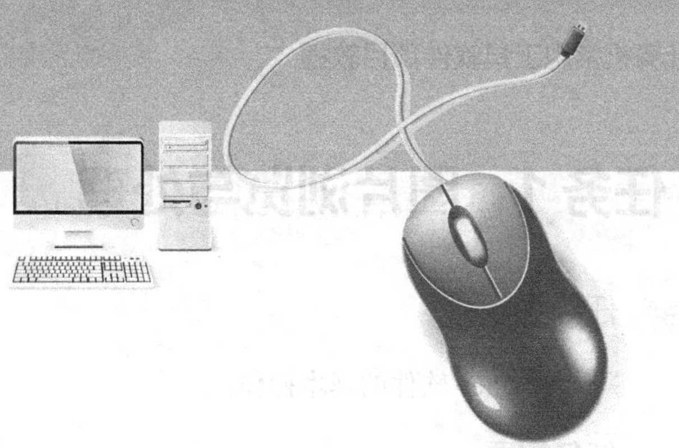

工作情景创设

（1）图片在人们的日常生活、工作、学习中已经发挥着越来越重要的作用。面对大量的图片，我们如何才能在电脑中进行快速地浏览和高效的管理呢？图片浏览与处理软件可以帮你解决这些问题。

（2）现在电子相册很流行，把电子相册放到网上，亲朋好友只要上网便可以看到你的相册了。通过电子相册制作软件便可以实现你的愿望。

（3）图像变形是一项非常有用的视觉技术，在电视、电影、MTV、广告中都得到了非常广泛的应用。奇幻变脸秀可以轻松快捷地创作出在影视作品中大量采用的专业视觉特效。

（4）无论是自己拍摄的数码相片还是从网上下载的图片，很多时候，我们都需要对其进行再次处理，比如合成、抠图、裁剪、美化等。通过图片处理，可以让图片更具有艺术美感。图片处理软件因此而产生了。

（5）截图是日常电脑生活中必不可少的一个组成部分。所谓有图有真相、一图胜千言，精准简洁美观的截图非常重要。简单的 PrintScreen 截屏功能键或者腾讯 QQ 的三键截图只能够满足一般需要，如果我们对截图还有更高的要求，那么就必须给自己添置一款合适的截图软件。

项目内容及要求

1. 图片浏览与处理软件：ACDSee

要求：掌握 ACDSee 软件的基本操作。能够使用 ACDSee 浏览图片、批量重命名图片以及转换图片格式。

2. 电子相册制作软件：Photo Family

要求：掌握 Photo Family 软件的基本操作。能够使用 PhotoFamily 制作一个简单的电子相册。

3. 奇幻变脸秀：FantaMorph

要求：掌握 FantaMorph 软件的基本操作。能够使用 FantaMorph 制作变脸动画。

4. 图片处理软件：美图秀秀

要求：掌握美图秀秀软件的基本操作。能够使用美图秀秀将生活照变成证件照以及制作摇头娃娃。

5. 抓图软件：HyperSnap

要求：掌握 HyperSnap 软件的基本操作。能够使用 HyperSnap 捕捉全屏、捕捉窗口或控件、捕捉按钮、捕捉选定区域、捕捉视频或游戏的图像。

任务 1　图片浏览与处理

任务目标

掌握 ACDSee 软件的基本操作。

任务布置

（1）在计算机中安装 ACDSee 软件；
（2）使用 ACDSee 浏览图片；
（3）使用 ACDSee 批量重命名图片；
（4）使用 ACDSee 转换图片格式。

任务实施

一、软件功能介绍

ACDSee 是目前最流行的图片浏览与处理工具，广泛应用于图片的获取、管理、浏览、优化等方面。ACDSee 支持多种常用的多媒体格式，它能快速、高质量显示图片。使用 ACDSee 还可以轻松处理数码影像、制作幻灯片、屏幕保护程序等。

二、软件的安装

双击“ACDSee.Photo.Manager.2009.v11.0.114.exe”文件，进入自解压程序，然后出现安装向导。按照向导提示一步步操作，即可完成 ACDSee 2009 的安装。安装成功后，在“开始/程序”菜单中会出现“ACD Systems”菜单项，在桌面上会出现一个  图标。双击该图标，即可打开 ACDSee 2009 的程序主界面窗口，如图 2-1 所示。

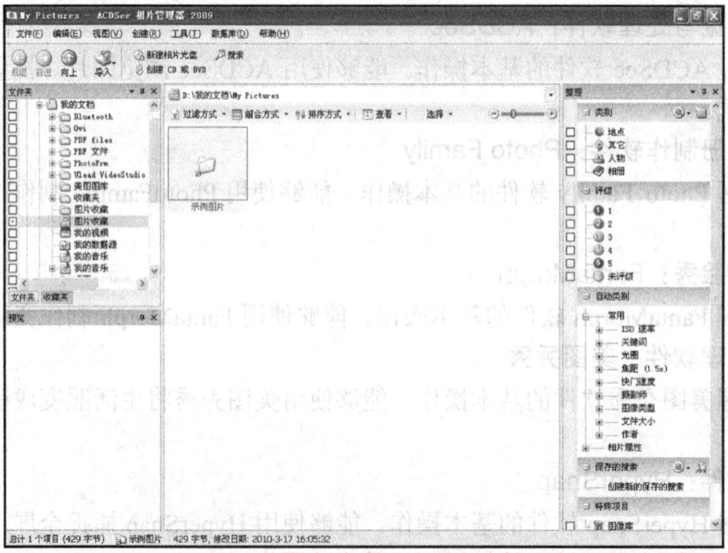

图 2-1

三、应用实例

1. 浏览图片

ACDSee 可以从本地硬盘、数码相机或者任何相片存储设备（如扫描仪、USB 大容量存储设备以及 CD）中获取与浏览图片。下面介绍使用 ACDSee 浏览本地硬盘中图片的方法。

（1）双击 ACDSee 的启动图标，运行 ACDSee。

（2）在程序主界面窗口的左侧部分选择图片所在的文件夹，即可打开该文件夹中的所有图片。如图 2-2 所示。

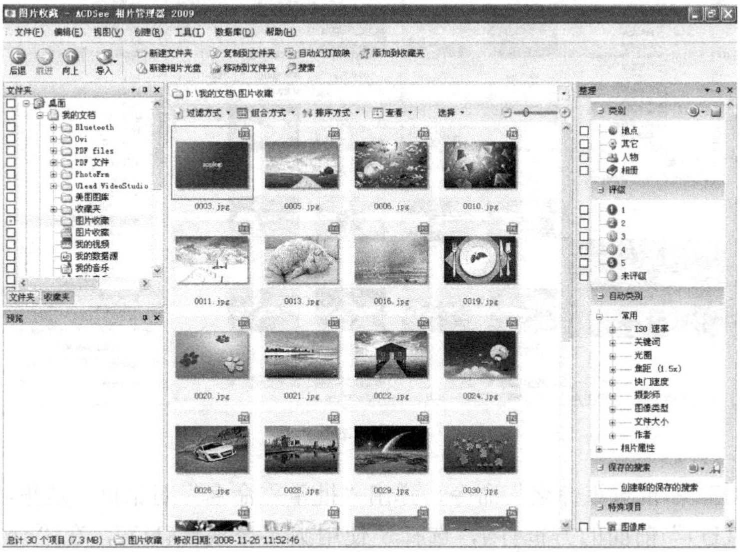

图 2-2

（3）将鼠标放在任何一张图片上，都会在其旁边显示放大后的效果。双击要详细查看的图片，就可以打开 ACDSee 的图片浏览器来查看该图片。如图 2-3 所示。

图 2-3

2. 批量重命名图片

在获取大量图片后往往要重新命名图片以便管理，而逐一重命名文件十分繁琐，使用ACDSee可以方便地批量重命名文件。具体操作方法如下。

（1）启动ACDSee并打开要批量重命名图片所在的文件夹，单击“选择”按钮，选择“选择所有图像”命令。如图2-4所示。

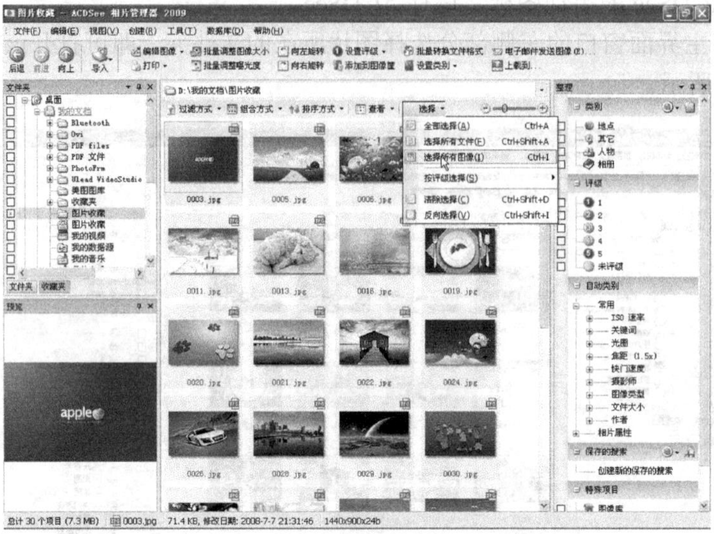

图 2-4

（2）选择“工具/批量重命名”命令，弹出“批量重命名”对话框。这里我们在“使用模板重命名文件（U）”前面的方框打√，选择“使用数字替换#（N）”，在“开始于（S）：”下面的列表框中输入1，在“模板（T）：”下面的列表框中输入##，然后单击“开始重命名”按钮。如图2-5所示。

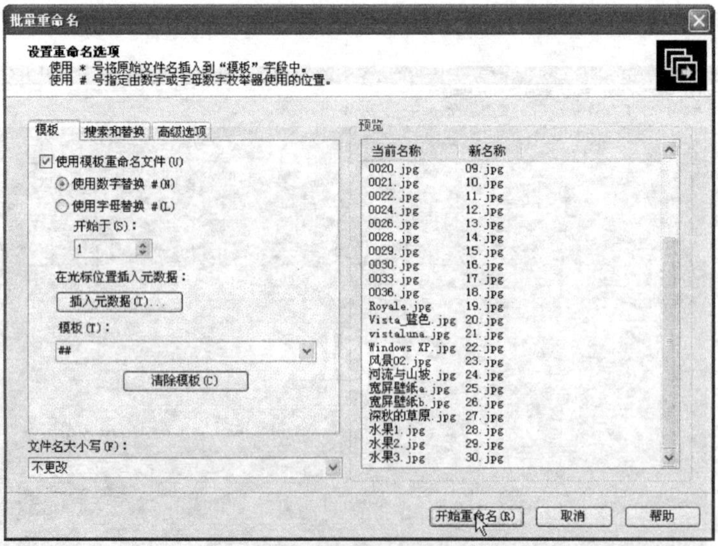

图 2-5

（3）出现“正在重命名”对话框，完成后单击“完成”按钮。如图2-6所示。

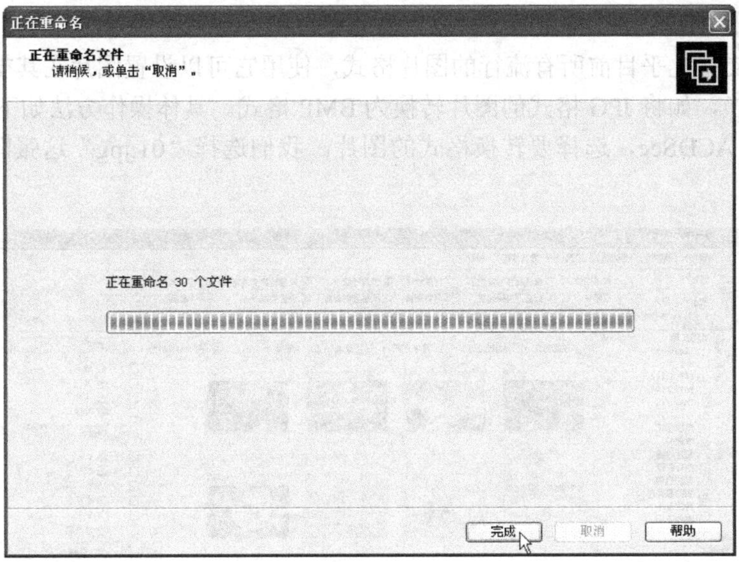

图 2-6

（4）我们再来看批量重命名后的图片，发现所有图片已经按照我们设置的要求进行了重命名。如图 2-7 所示。

图 2-7

小提示

（1）批量重命名图片后，用户可以方便地对相片进行分类和管理，并能在图片数量越来越多的情况下，快速搜索与查找所需的图片。

（2）批量重命名图片时，通过使用数字或者字母替换模板中的#号来区分图片的名称。用户可以根据图片的数量来自定义#号的位数，如图片数量不足 100 张时，则模板中保留两个#号位数即可。

3. 转换图片格式

ACDSee 支持几乎目前所有流行的图片格式，使用它可以设置图片在其支持的图片格式中进行格式转换，如将 JPG 格式的图片转换为 BMP 格式。具体操作方法如下。

（1）启动 ACDSee，选择要转换格式的图片。我们选择“01.jpg”这张图片。如图 2-8 所示。

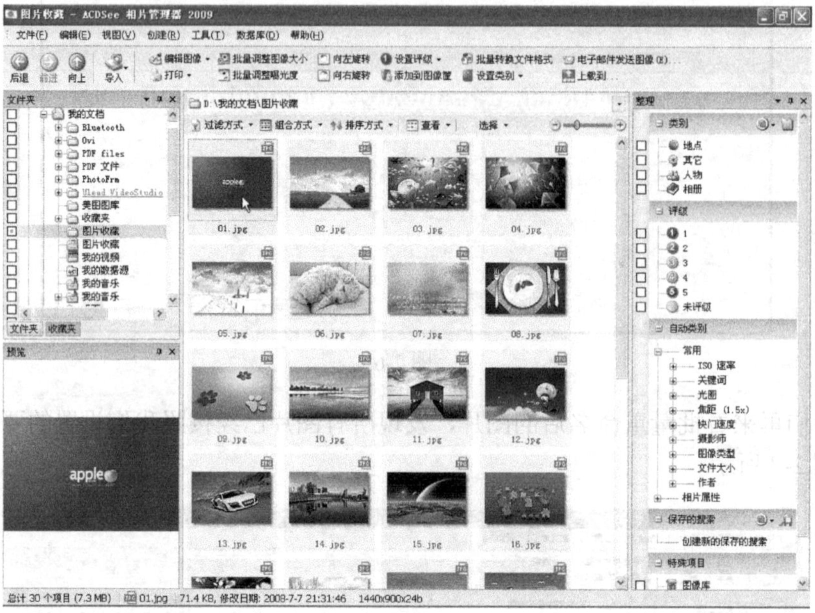

图 2-8

（2）选择“工具/转换文件格式”命令，弹出一个对话框。这里我们选择“BMP”格式作为输出文件的文件格式，然后单击“下一步”按钮。如图 2-9 所示。

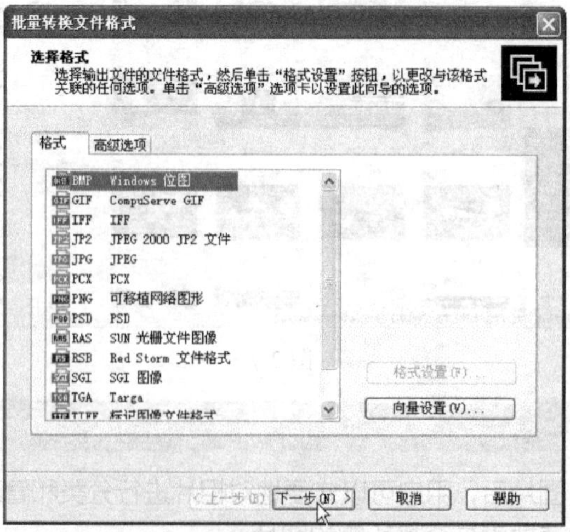

图 2-9

（3）在弹出的对话框中，我们设置将转换后的图片放入“D:\我的文档\My Pictures”，其他设置保持不变，然后单击“下一步”按钮。如图 2-10 所示。

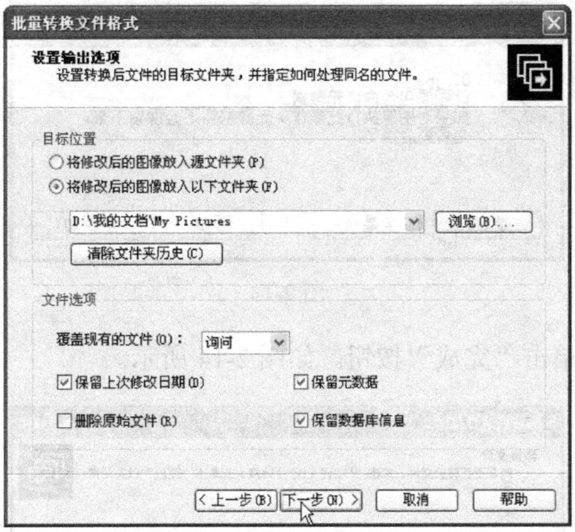

图 2-10

（4）在弹出的对话框中，保持默认设置，单击“开始转换”按钮。如图 2-11 所示。

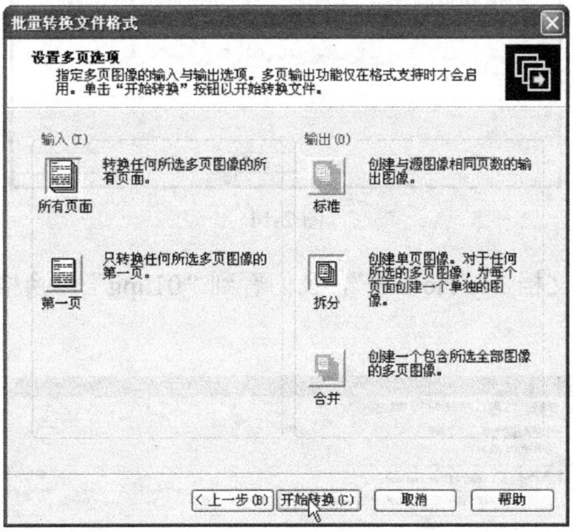

图 2-11

（5）弹出“警告！数据丢失”的对话框中，均单击“是”按钮。如图 2-12、图 2-13 所示。

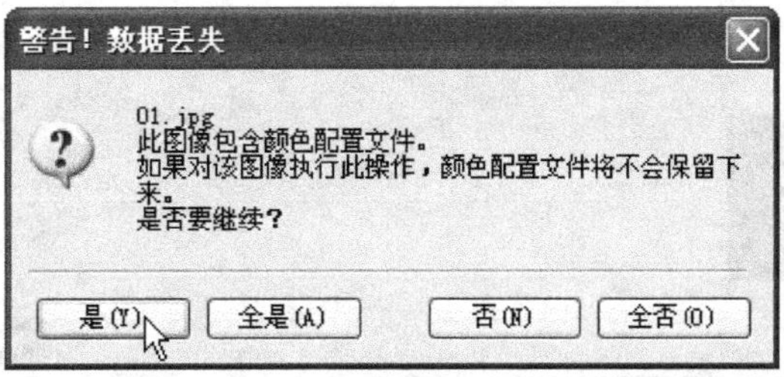

图 2-12

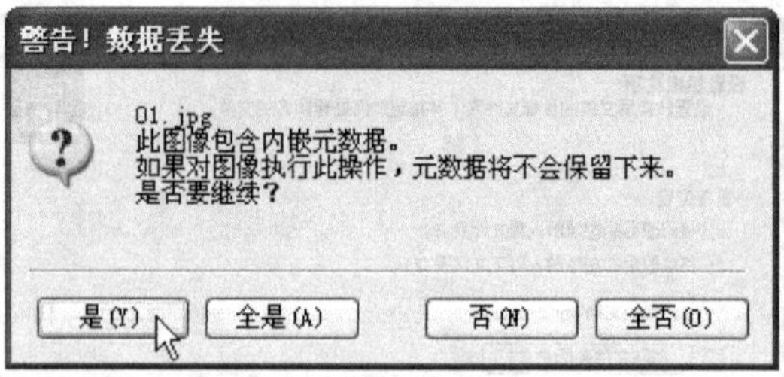

图 2-13

（6）转换结束后，单击“完成”按钮。如图 2-14 所示。

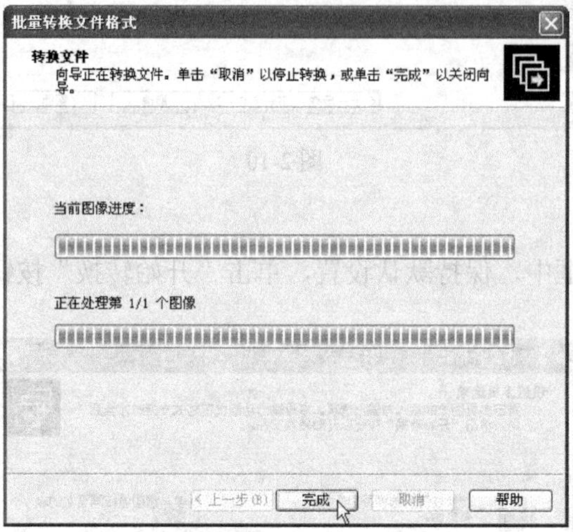

图 2-14

（7）打开“D:\我的文档\My Pictures”，我们看到“01.jpg”转换格式后的图片“01.bmp”。如图 2-15 所示。

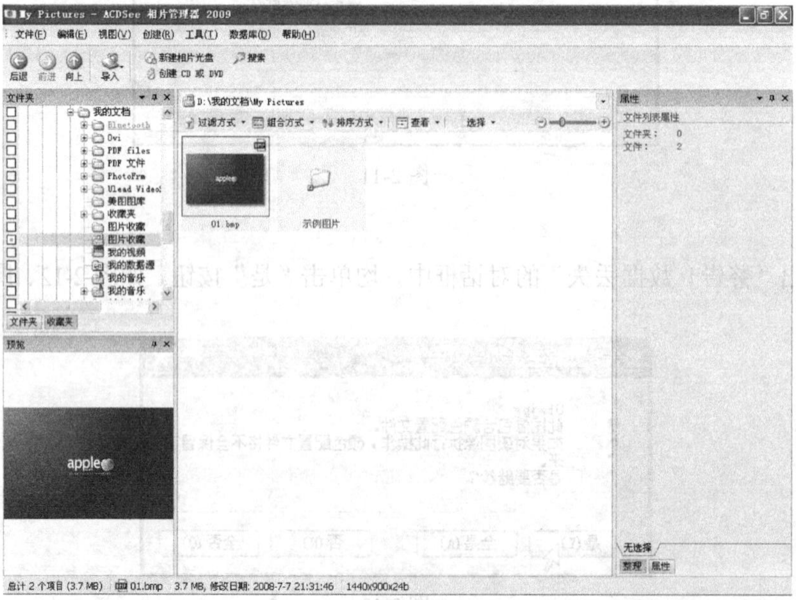

图 2-15

任务评价

任务考核评价表

任务名称 图片浏览与处理

班级： 姓名： 学号：

评价项目	评价标准	评价依据	评价方式		得分	备注
			小组	老师		
职业素质	1. 遵守课堂纪律 2. 按时完成任务 3. 学习主动积极	课堂表现				
专业能力	1. 能够在计算机中安装 ACDSee 软件 2. 能够使用 ACDSee 浏览图片 3. 能够使用 ACDSee 批量重命名图片 4. 能够使用 ACDSee 转换图片格式	能够按要求进行相关操作				
方法能力	1. 能够灵活进行操作，并且采用多种方法进行操作 2. 能够借助网络进行任务拓展	能够进行知识迁移				
指导教师综合评价	指导教师签名：	日期：				

任务拓展

计算机中常用的图片格式有以下几种。

1. BMP 图像格式

BMP 图像格式的扩展名是.bmp。它是 Windows 操作系统下标准的位图格式，应用非常广。该格式采用了一种叫做 RLE 的无损压缩格式，因此画质最好，但文件所占用的空间很大。

2. JPEG 图像格式

JPEG 图像格式的扩展名是.jpg 或.jpeg，其压缩技术十分先进，可以用最少的磁盘空间得到较好的图像质量。它的应用也非常广泛。目前各类浏览器均支持 JPEG 这种图像格式，这是因为 JPEG 图像格式的文件较小，下载速度快，这就使得它顺理成章地成为网络上最受欢迎的图像格式。

3. TIFF 图像格式

TIFF 图像格式的扩展名是.tif 或.tiff。它是一种非失真的压缩格式（最高也只能做到 2～3 倍的压缩比），能保持原有图像的颜色及层次，但占用空间却很大。所以 TIFF 图像格式常被应用于较专业的用途，如书籍出版、海报等，极少应用于互联网上。

4. GIF 图像格式

GIF 图像格式的扩展名是.gif。GIF 格式最多只能存储 256 色，所以通常用来显示简单图形及字体。GIF 格式最大的特点是支持动画效果，适于在网页上展现简单的动画效果。

任务 2　制作电子相册

任务目标

掌握 Photo Family 软件的基本操作。

任务布置

（1）在计算机中安装 Photo Family 软件；
（2）使用 Photo Family 制作一个简单的电子相册。

任务实施

一、软件功能介绍

Photo Family 是一款全新的图像处理及娱乐的软件。它不仅提供了常规的图像处理和管理功能，方便收藏、整理、润色相片，更特别的是能够制作出有声电子相册，让相片动起来，给人们带来无限乐趣。

二、软件的安装

双击“Setup.exe”文件，即可进入安装向导。按照向导提示一步步操作，即可完成 Photo Family 3.0 的安装。安装成功后，在“开始/程序”菜单中会出现“BenQ\Photo Family 3.0”菜单项，在桌面上会出现一个

图标。双击该图标，即可打开 Photo Family 3.0 的程序主界面窗口，如图 2-16 所示。

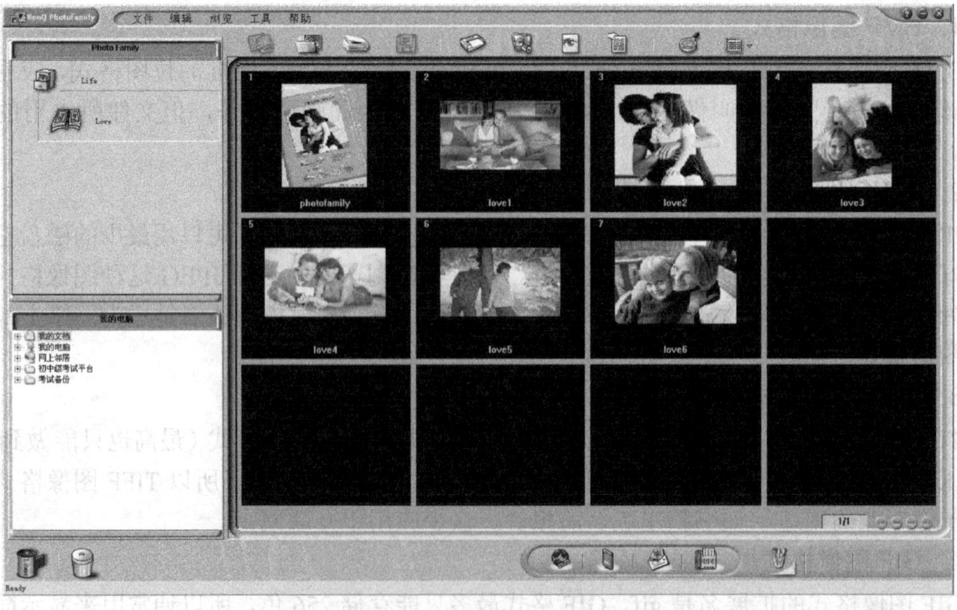

图 2-16

三、应用实例

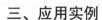

下面，通过一个简单的例子来学习 Photo Family 3.0 的使用方法。

（1）单击“文件”菜单，选择“新相册柜”选项，建立相册柜。如图 2-17 所示。

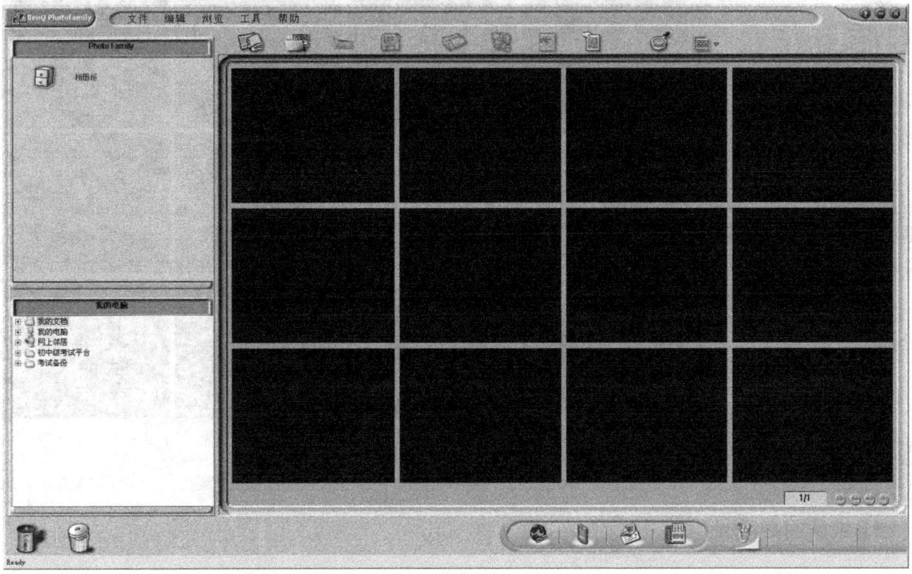

图 2-17

（2）选择“文件”菜单中的“新相册”选项，建立相册。如图 2-18 所示。

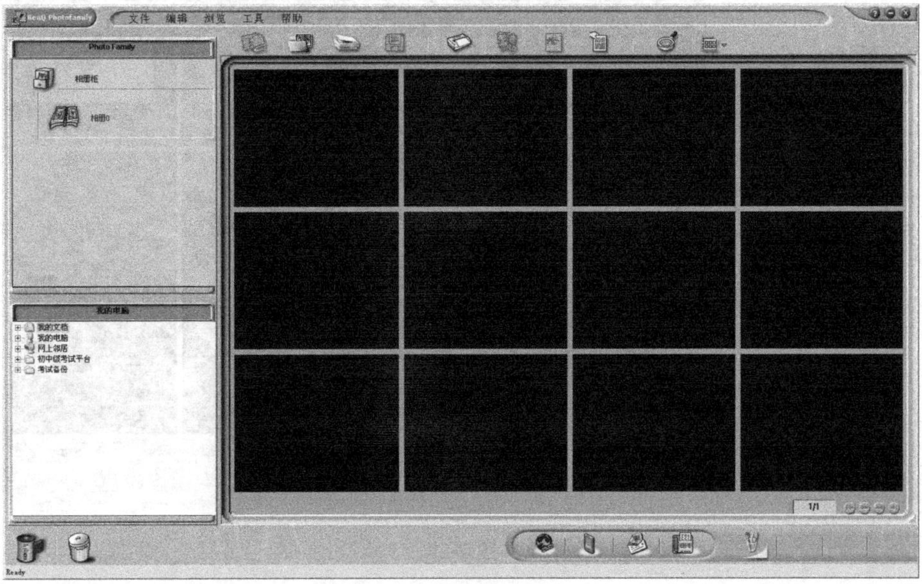

图 2-18

（3）单击相册图标，选择“文件”菜单中的“导入图像”选项，出现选择图像的对话框。如图 2-19 所示。

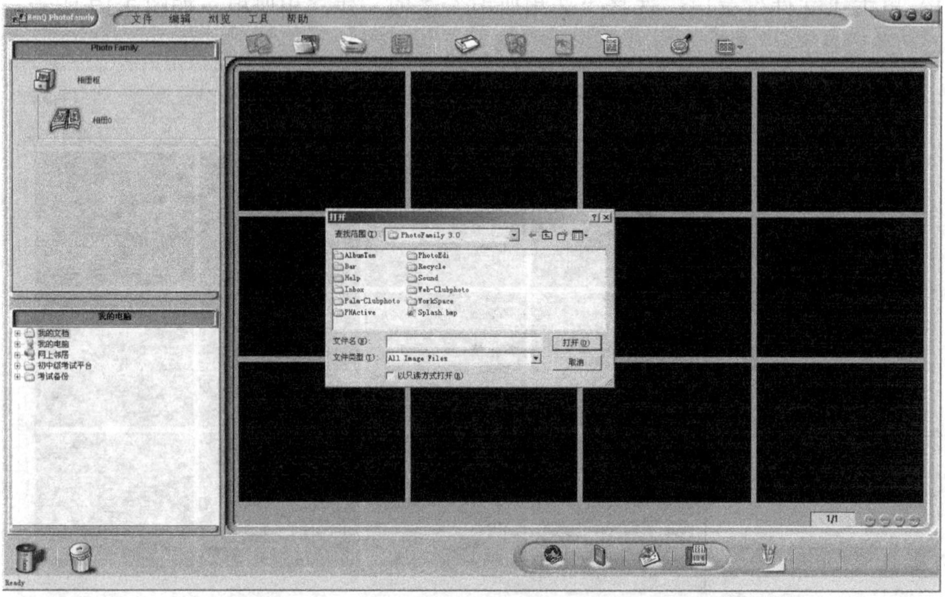

图 2-19

（4）选取所需的图像导入到相册中，如图 2-20 所示。

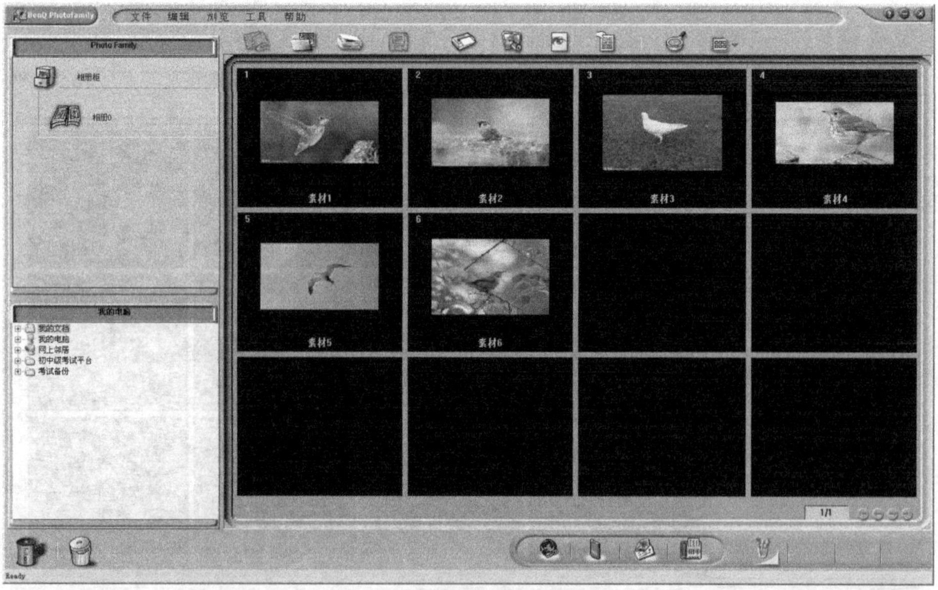

图 2-20

（5）选中图像“素材 1”，双击鼠标进入以下界面，如图 2-21 所示。

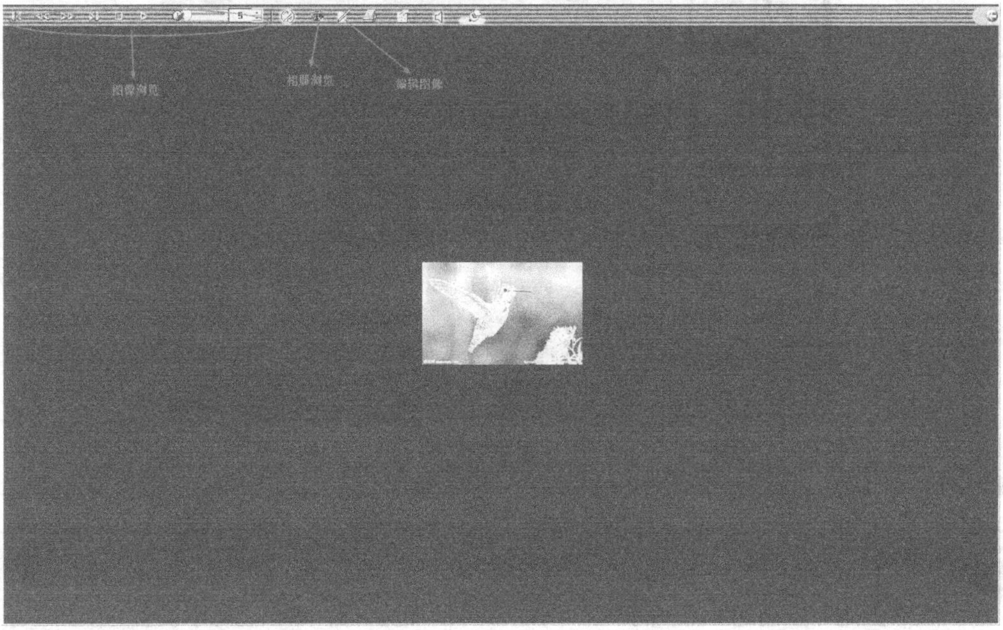

图 2-21

（6）单击“编辑图像”图标，进入图像编辑界面。在这个窗口中，可以对图像进行旋转、改变大小、调整亮度、调整色彩平衡、调整饱和度等操作，还可以对图像添加特效，给图像做各种变形效果，还可以制作卡片、月历等。如图 2-22 所示。

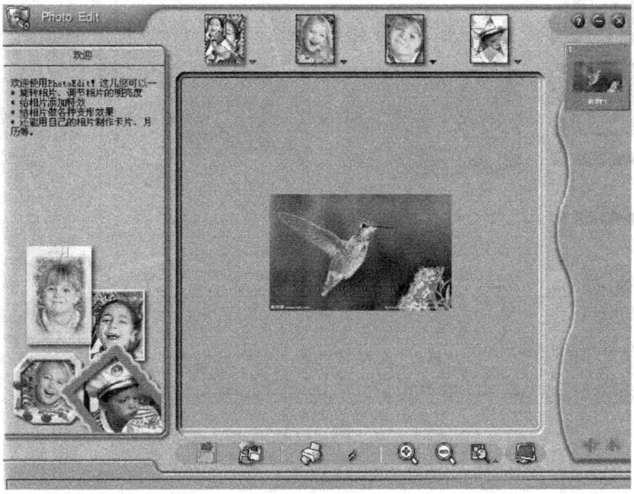

图 2-22

（7）单击“趣味合成”中的“卡片”图标，在窗口的左边会显示卡片的类型。这里选择“CARD06”,然后单击“应用”按钮，图像效果如图 2-23 所示。

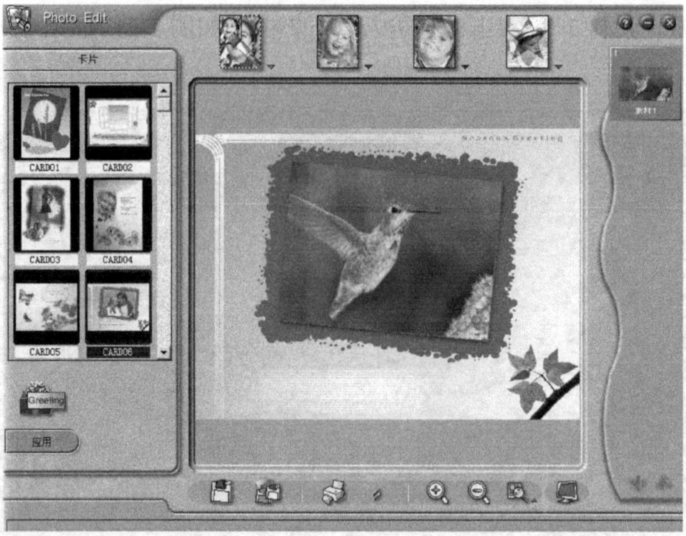

图 2-23

小提示

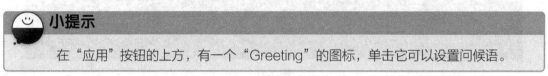

在“应用”按钮的上方，有一个“Greeting”的图标，单击它可以设置问候语。

（8）单击窗口下方的“保存”图标，弹出一个对话框，询问是否使用新图取代原图。如图 2-24 所示。

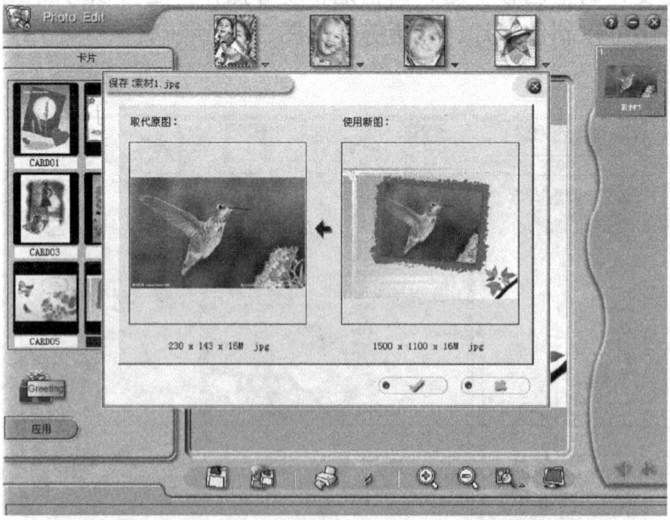

图 2-24

（9）单击“确定”按钮，编辑后的新图像取代了原来的图像。关闭该窗口，退出图像编辑界面。

（10）单击窗口右上角的箭头图标，退出图像窗口。

（11）采用相同的方法对相册中的其他图像进行编辑，编辑后图像效果如图 2-25 所示。

（12）分别选中窗口左边的相册柜、相册图标，可以对相册柜和相册进行重命名。如图2-26 所示。

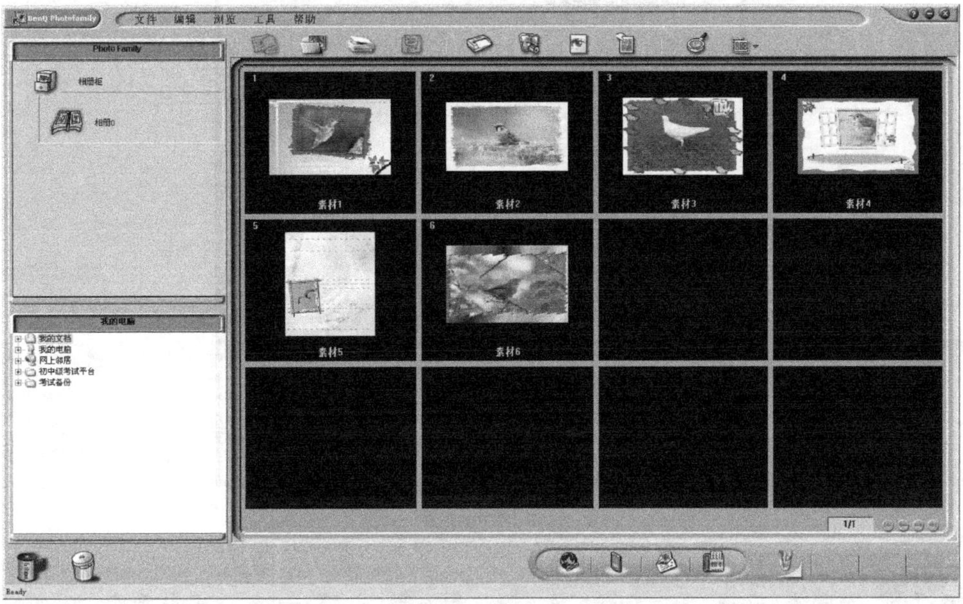

图 2-25

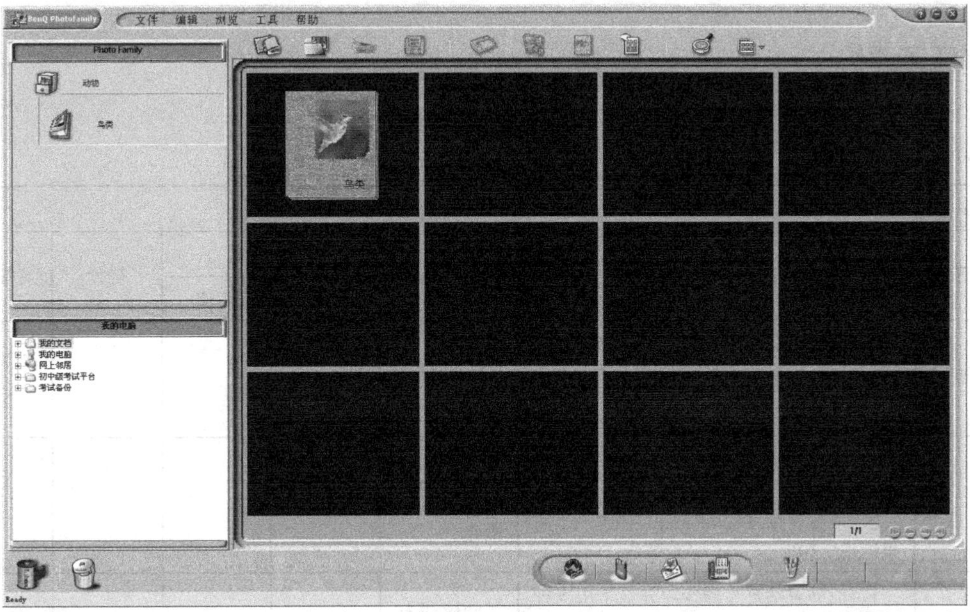

图 2-26

（13）选中相册图标，单击“工具”菜单，选择“打包相册”选项（或者按 F9 键），弹出“打包相册”窗口，在里面可以设置各种参数，如图 2-27 所示。

（14）设置完成后单击“确定”按钮保存即可。此时，刚才制作的相册已经打包成一个.exe 可执行文件，可以在任何一台电脑上打开来欣赏。

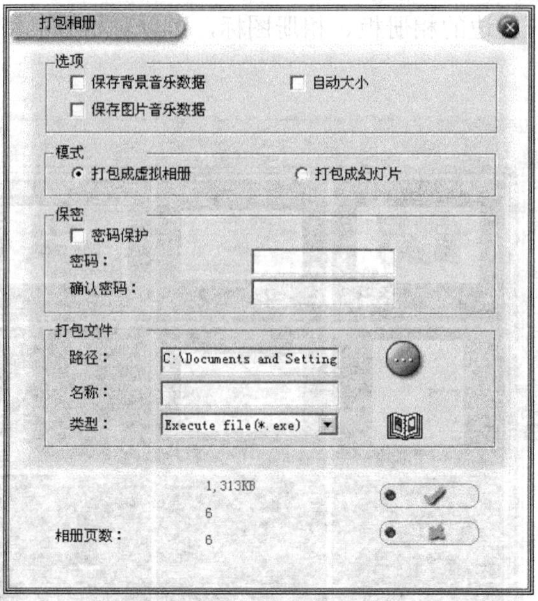

图 2-27

小提示

使用 PhotoFamily 3.0 制作电子相册，还可以在相册中添加音乐、录制声音等，让相册更加生动。

任务评价

任务考核评价表

任务名称　制作电子相册

班级：　　　　姓名：　　　　学号：

评价项目	评价标准	评价依据	评价方式		得分	备注
			小组	老师		
职业素质	1．遵守课堂纪律 2．按时完成任务 3．学习主动积极	课堂表现				
专业能力	1．能够在计算机中安装 Photo Family 软件 2．能够使用 PhotoFamily 制作一个简单的电子相册	能够按要求进行相关操作				
方法能力	1．能够灵活进行操作，并且采用多种方法进行操作 2．能够借助网络进行任务拓展	能够进行知识迁移				
指导教师综合评价	指导教师签名：　　　　　　　　　　　　日期：					

任务拓展

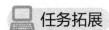

PocoMaker 是一款完全免费的电子相册制作工具。它可以制作电子相册、电子杂志等个性电子读物。

PocoMaker 是一个电子相册、电子杂志快速制作工具。通过它，只需要几分钟的时间，你就可以将自己的照片整理成册，当然你还可以添加上炫酷的动态效果，那就更加完美了。只要你愿意，你还可以通过 PocoMaker 制作一本属于你自己的精彩电子杂志，体验一次当主编的乐趣。

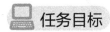

任务 3 奇幻变脸秀的使用

任务目标

掌握 FantaMorph 软件的基本操作。

任务布置

（1）在计算机中安装 FantaMorph 软件；
（2）使用 FantaMorph 制作变脸动画。

任务实施

一、软件功能介绍

奇幻变脸秀是一款用于实时创建变形特效（俗称“变脸”）影片的软件。通过该软件，可以轻松快捷地创作出在影视作品中大量采用的专业视觉特效。它支持多种常见的图形文件格式，如 BMP、JPEG、TIFF、PNG、GIF 等，甚至包括专业的 32 位带透明层图形。可以输出单帧图像、图片序列、AVI、动画 GIF、Flash、网页等格式。使用奇幻变脸秀自带的图形编辑工具就可以直接对数码相片进行剪裁、旋转、翻转和色彩调整等操作，不需任何其他附加软件。

二、软件的安装

双击“FantaMorph_chs.exe”文件，即可进入安装向导。按照向导提示一步步操作，即可完成奇幻变脸秀 3 试用版的安装。安装成功后，在“开始/程序”菜单中会出现“奇幻变脸秀”菜单项，在桌面上会出现一个

图标。双击该图标，运行奇幻变脸秀 3。初次运行时，首先会弹出关于系统设置的对话框。这里我们选择标准版进行试用，选择标准界面皮肤，如图 2-28、图 2-29 所示。然后单击“完成”按钮。

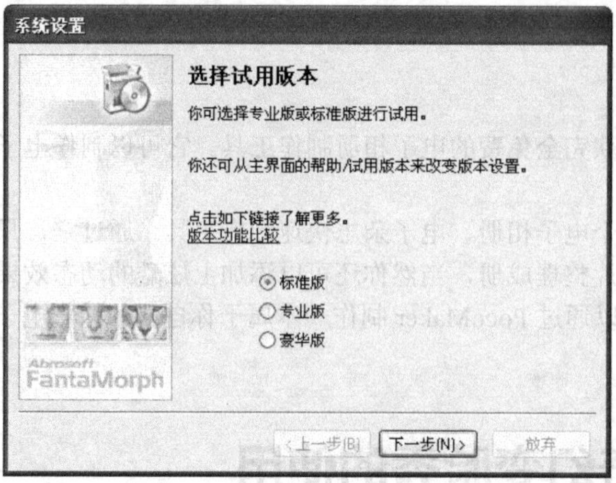

图 2-28

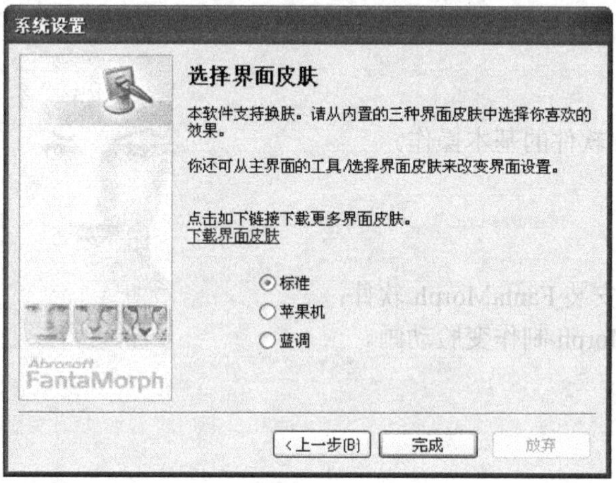

图 2-29

接着程序会对本机进行和软件相关的一些测试，以便让用户在使用之前，了解本机是否满足运行奇幻变脸秀的要求。如图 2-30～图 2-35 所示。

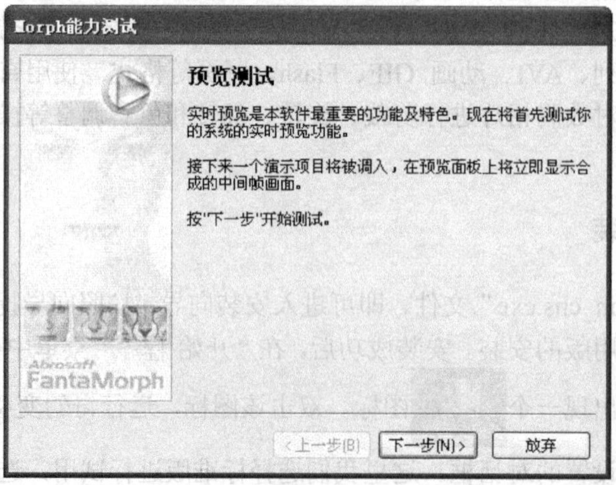

图 2-30

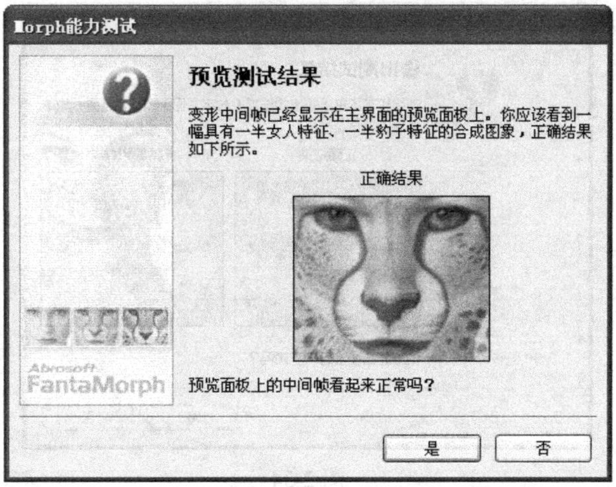

图 2-31

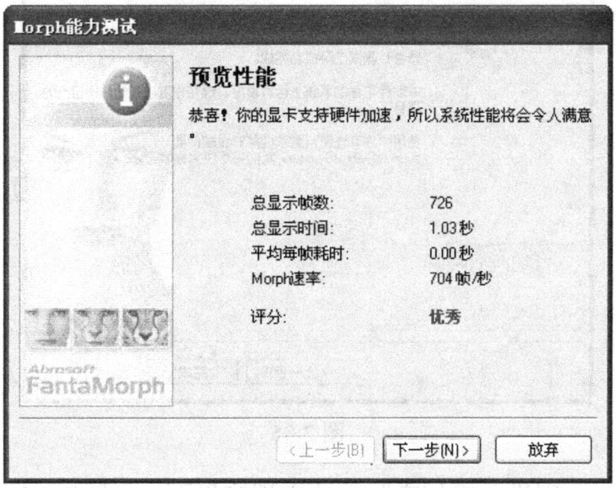

图 2-32

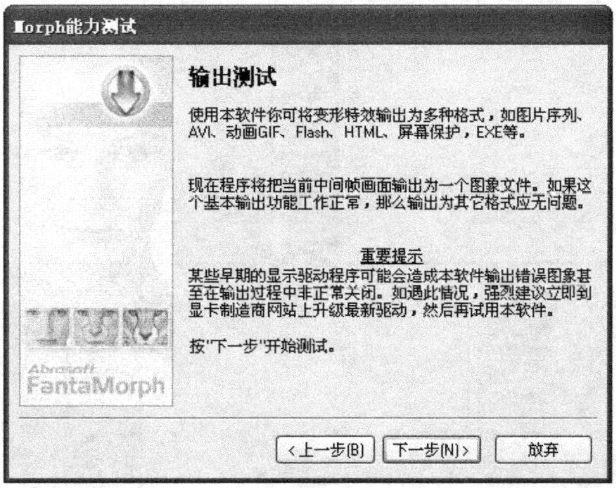

图 2-33

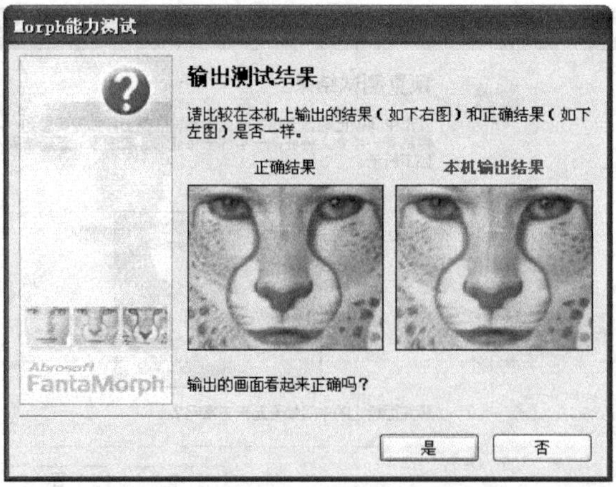

图 2-34

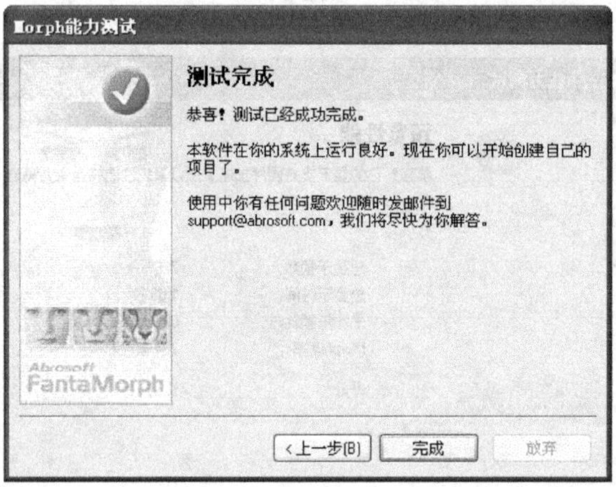

图 2-35

当各项测试完成后，则进入奇幻变脸秀的主程序界面，如图 2-36 所示。

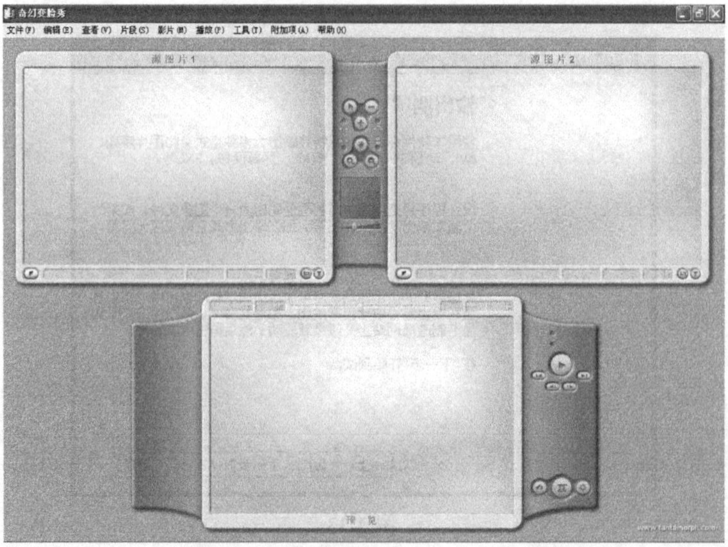

图 2-36

三、应用实例

下面，通过一个实例来说明使用 FantaMorph 制作变脸动画的具体步骤。

【例 2-1】请使用 FantaMorph 制作一个明星的变脸动画。（从成龙到李连杰）

（1）运行奇幻变脸秀软件，单击编辑面板上的“导入源图片 1”按钮或者选择菜单“文件/导入源图片 1”命令，如图 2-37 所示。

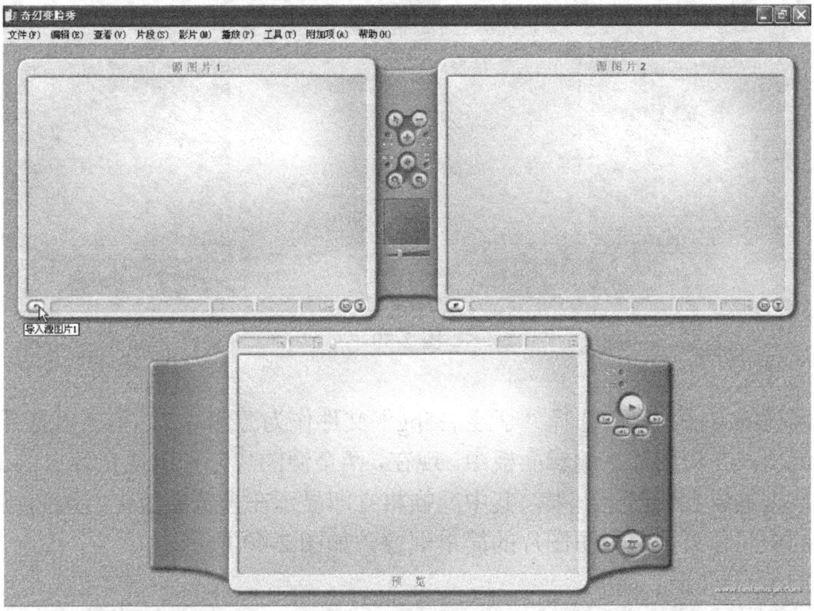

图 2-37

（2）在“导入源图片 1”对话框中，选择一个图片文件作为变形的源图片 1，在对话框右侧有预览面板。在本例中，我们选择“成龙.jpg”文件作为源图片 1。如图 2-38 所示。

图 2-38

（3）单击“打开”按钮，被选择的图片就出现在源图片 1 编辑面板中。如图 2-39 所示。

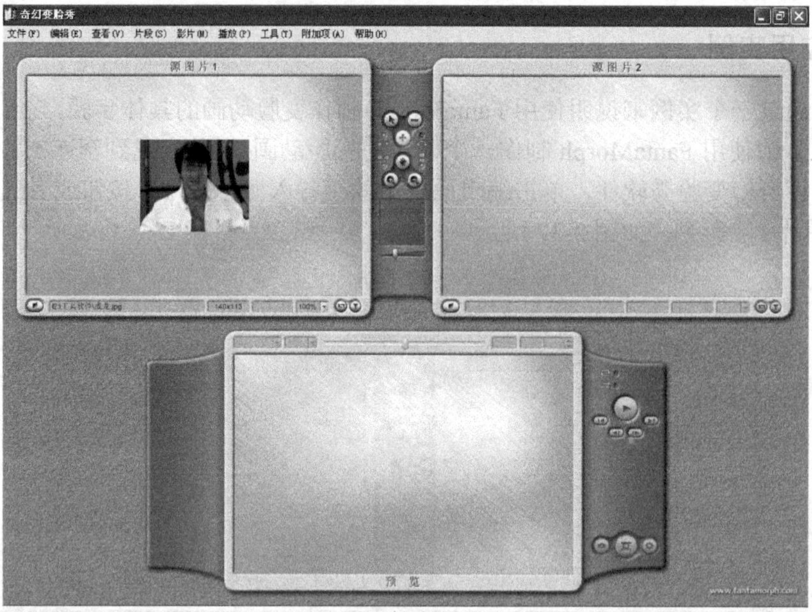

图 2-39

（4）用同样的方法，我们选择“李连杰.jpg”文件作为源图片 2。单击“打开”按钮，被选择的图片就出现在源图片 2 编辑面板中。现在，两个源图片分别出现在各自的编辑面板中。变形动画将根据缺省参数创建出来，其中间帧将立即显示在预览面板中。因为还没有加入关键点，此时的中间帧只是两个源图片的简单混叠。如图 2-40 所示。

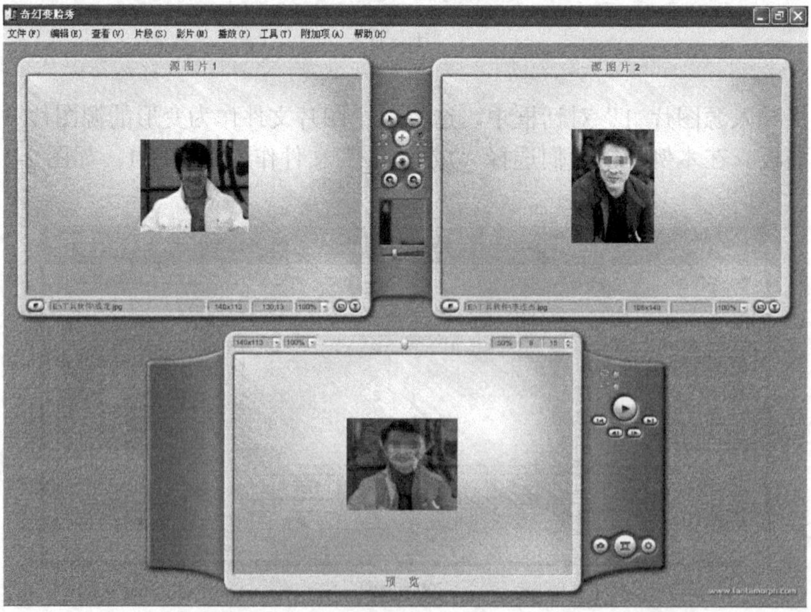

图 2-40

为了达到更好的效果，还需要作进一步的调整。

（5）我们不需要使用整幅图片来做变脸动画，这时，就需要对图片进行剪裁。单击源图片 1 编辑面板上的“裁剪源图片 1”按钮，如图 2-41 所示。

图 2-41

（6）在弹出的“裁剪源图片 1”对话框中，所需要的图片范围可以通过拖动 8 个裁剪把柄按相应方向来调整，而不需要的范围被掩盖一层蓝膜并将被移除。窗口右侧还有一些高级裁剪控制工具。设置好后，单击“确定”按钮，即可完成对源图片 1 的裁剪。如图 2-42 所示。

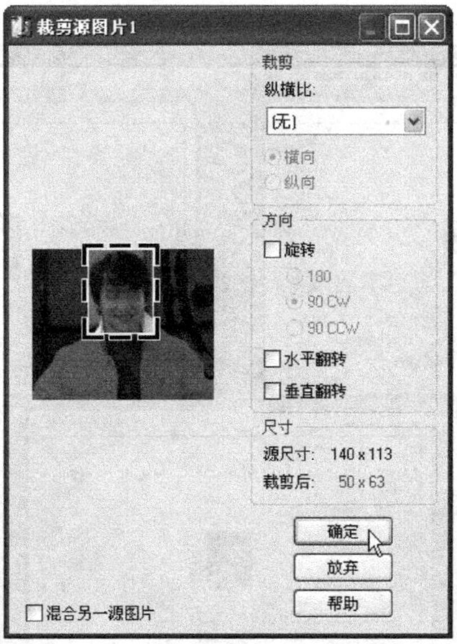

图 2-42

（7）用同样的方法，我们对源图片 2 也进行相应的裁剪。在缺省情况下，变形动画也将根据新的尺寸自动重新创建并立即显示出来。注意，两个源图片的大小和比例可以不同，但它们总是被拉伸以适应最终的影片尺寸。如图 2-43 所示。

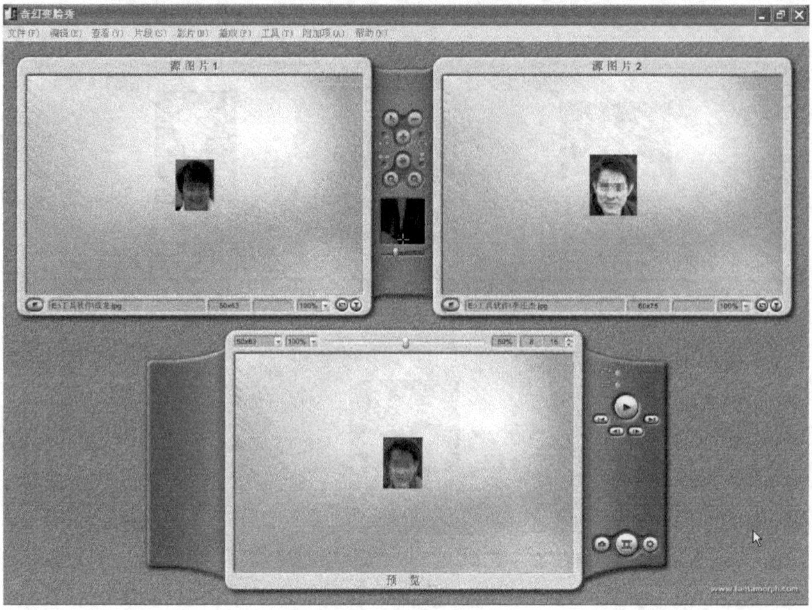

图 2-43

此外，奇幻变脸秀还自带了一些高级调整工具来设置图片的亮度、对比度和色彩平衡等，还可以设置一些特殊效果，比如模糊、锐化、浮雕等。对于源图片 1 来说，单击源图片 1 编辑面板上的“调整源图片 1”按钮，如图 2-44 所示，在弹出的“调整源图片 1”对话框中，即可完成相关的设置，如图 2-45 所示。调整源图片 2 的方法是一样的。

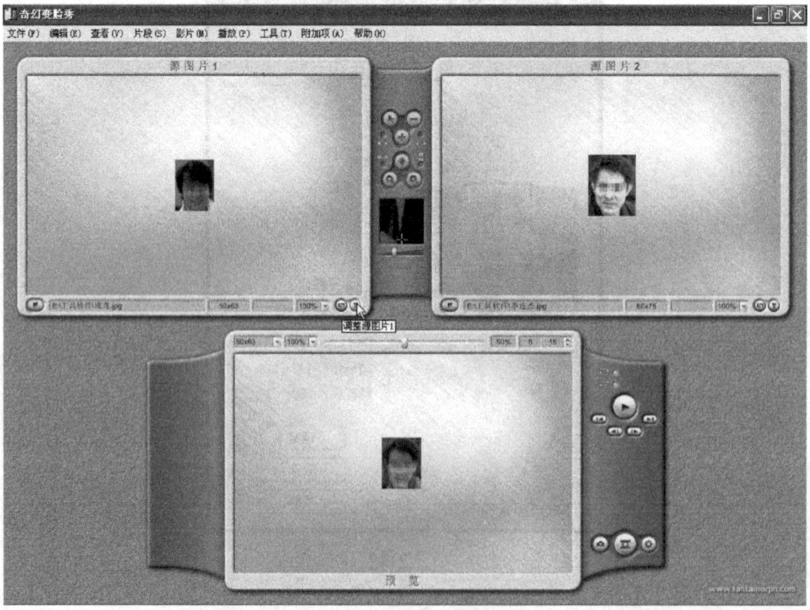

图 2-44

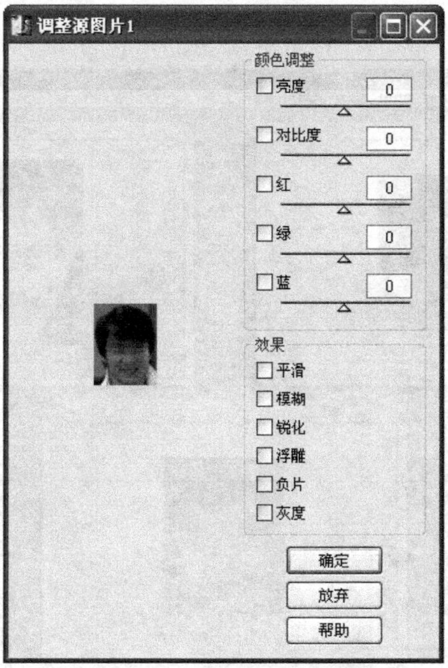

图 2-45

（8）将源图片裁剪编辑好后，最重要的工作就是在两个源图片上添加关键点以进行变形。添加关键点最好从图片最重要的特征处开始（例如对于脸部的图片来说，最重要的特征处是眼睛、鼻子、嘴巴等）。本例将从眼睛开始添加关键点。为了便于添加关键点，先单击放大按钮，把两个源图片放大。如图 2-46 所示。

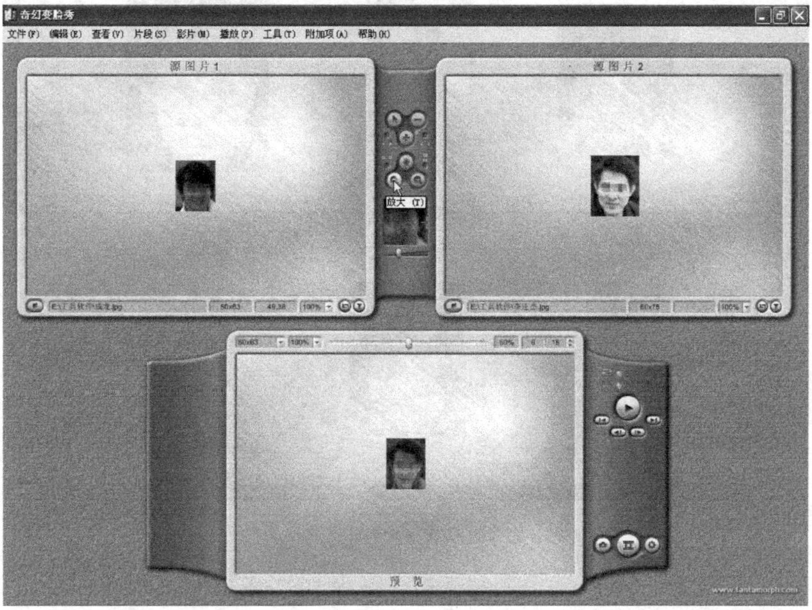

图 2-46

（9）用鼠标单击编辑面板上的“添加关键点”按钮，然后移动光标到源图片 1 的眼睛处，如图 2-47、图 2-48 所示。

图 2-47

图 2-48

（10）单击鼠标左键，在源图片 1 上添加一个关键点。此时在对应图片（源图片 2）上将自动添加一个对应的关键点，如图 2-49 所示。通常情况下，必须通过手动调整将这些自动产生的对应点拖放到正确的位置上。

图 2-49

（11）移动光标到源图片 2 上的对应关键点上，这时光标右上角出现一个四向箭头提示用户，可以拖放该关键点到正确的特征位置上。如图 2-50 所示。

图 2-50

（12）拖放该关键点到正确的特征位置上。如图 2-51 所示。

图 2-51

（13）继续在源图片 1 的眼睛轮廓上添加 3 个关键点（关键点添加得越多，变形效果就越好），并适时调整源图片 2 上对应的关键点的位置（当用鼠标指向源图片 1 中的某个关键点时，这个点会不停地闪烁，源图片 2 中对应的关键点也会不停地闪烁，以便于调整）。这时，预览面板上的画面也在同步显示关键点在当前位置时的变形效果，这将非常方便地提示用户关键点是否已经到位。如图 2-52 所示。

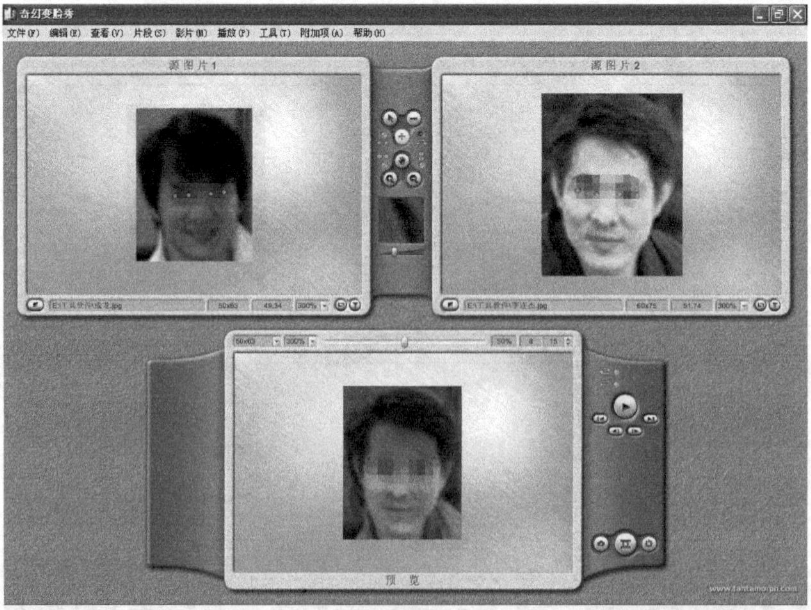

图 2-52

（14）按上述方法加入更多的关键点，预览面板上显示的中间帧画面也越来越逼真了。如图 2-53 所示。

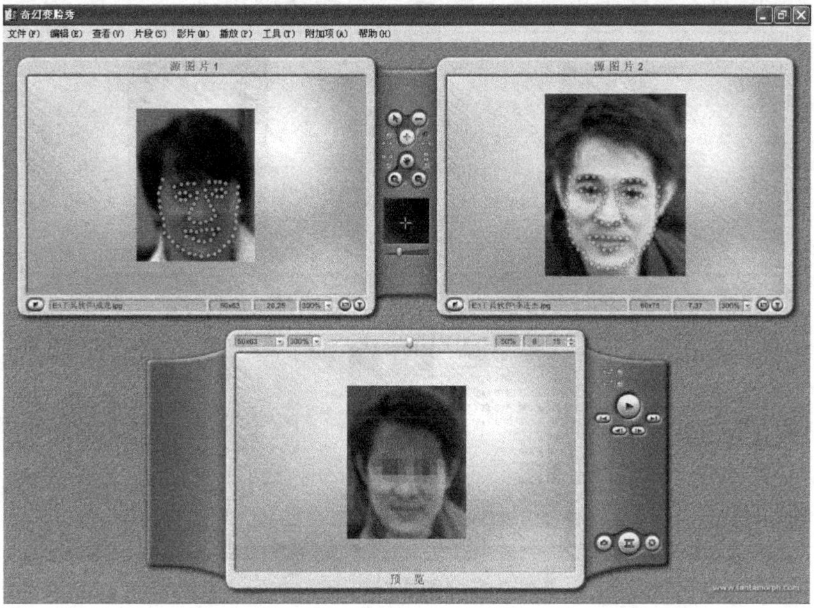

图 2-53

（15）单击预览区的播放按钮，可以观看变形效果。如果觉得不满意，可以再调整关键点。

（16）至此，关键点的编辑工作已经完成。下面进行一些影片的设置工作。单击预览区中的“设置影片尺寸”按钮，设置影片尺寸，如图 2-54 所示。缺省设置下影片尺寸与源图片 1 的尺寸相同。用户可以选择一个预置的固定尺寸或者自定义任意尺寸，如图 2-55 所示。

图 2-54

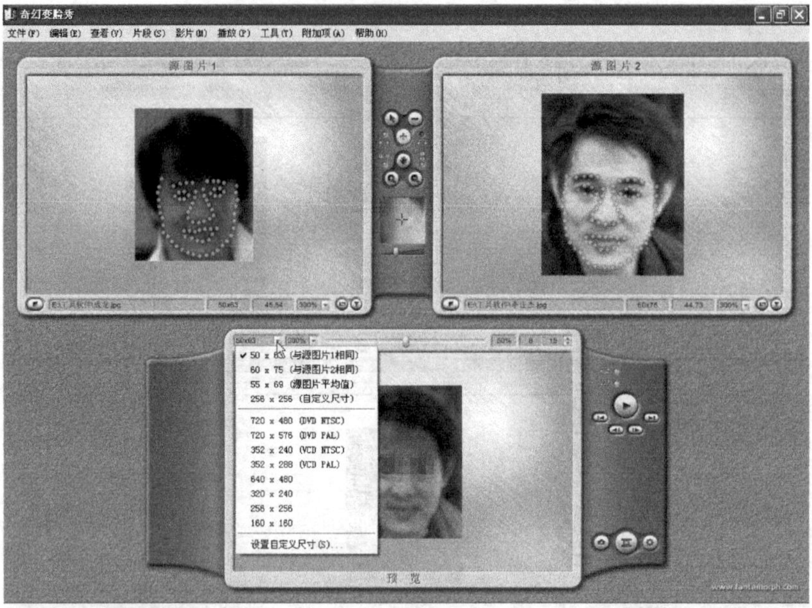

图 2-55

（17）如图 2-56 所示的是脸谱变化的其中一帧。如果觉得效果不错，可以单击预览区中的“输出当前帧”按钮把此帧保存成一个图片。

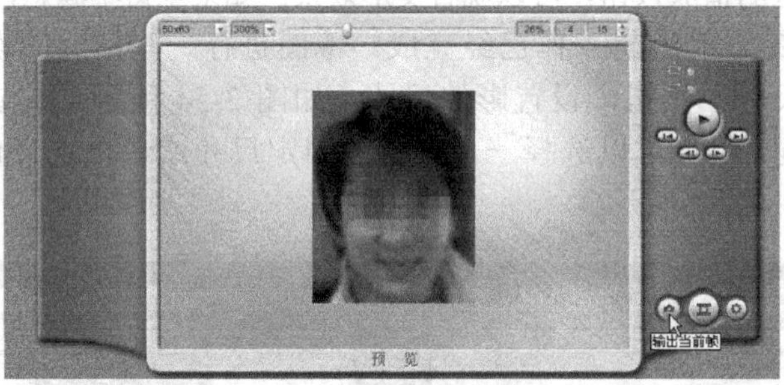

图 2-56

（18）单击预览区中的“输出影片”按钮，如图 2-57 所示。在弹出的“影片输出”对话框中，从输出格式列表中选择 7 种格式之一（图片序列、AVI 影片、动画 GIF、Flash 影片、网页、屏幕保护、EXE 执行程序），然后单击“输出”按钮就可以进行输出，如图 2-58 所示。至此，一个效果十分逼真的变脸动画制作完毕。

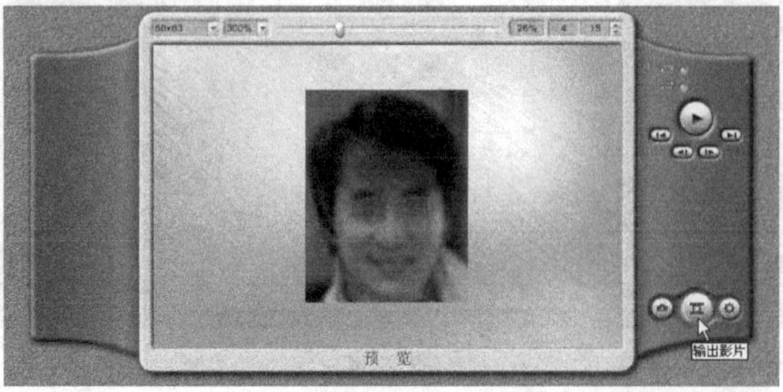

图 2-57

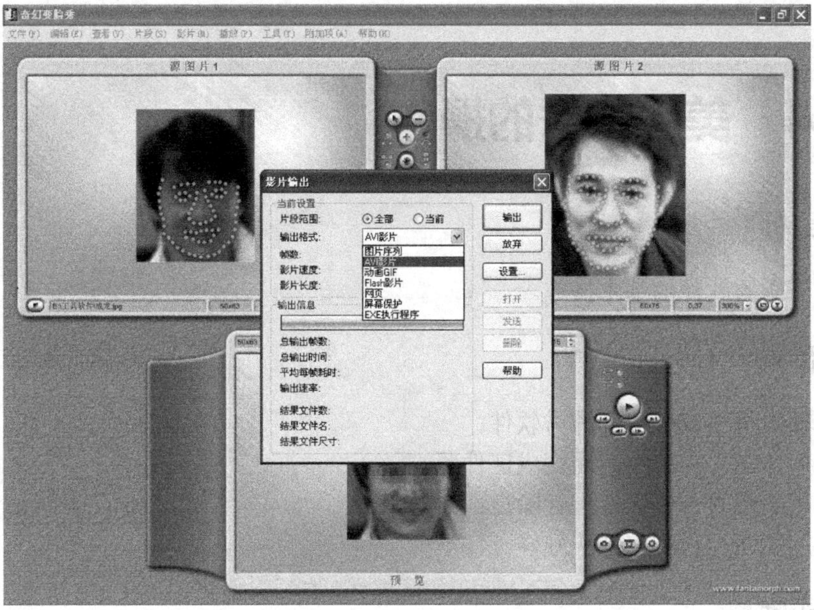

图 2-58

任务评价

任务考核评价表

任务名称　奇幻变脸秀的使用

班级：　　　　　姓名：　　　　学号：

评价项目	评价标准	评价依据	评价方式		得分	备注
			小组	老师		
职业素质	1．遵守课堂纪律 2．按时完成任务 3．学习主动积极	课堂表现				
专业能力	1．能够在计算机中安装 FantaMorph 软件 2．能够使用 FantaMorph 制作变脸动画	能够按要求进行相关操作				
方法能力	1．能够灵活进行操作，并且采用多种方法进行操作 2．能够借助网络进行任务拓展	能够进行知识迁移				
指导教师综合评价	指导教师签名：　　　　　　　　日期：					

任务拓展

图像变形是一种使图像转换、变形到另一幅图像的图像处理技术，这个过程通常简称为“morph”。其含义是创建一系列中间图像，当把它们和原始图像放在一起时，便展现出从一幅图像变形到另一幅图像的效果。

图像变形是一项非常有用的视觉技术，在电视、电影、MTV、广告中都得到了非常广泛的应用。

任务 4　美图秀秀的操作

任务目标

掌握美图秀秀软件的基本操作。

任务布置

（1）在计算机中安装美图秀秀软件；
（2）使用美图秀秀将生活照变成证件照；
（3）使用美图秀秀对照片进行除痘；
（4）使用美图秀秀制作摇头娃娃。

任务实施

一、软件功能介绍

美图秀秀是一款很好用的免费图片处理软件，比 Photoshop 简单很多。它独有的图片特效、美容、拼图、场景、边框、饰品等功能，加上每天更新的精选素材，可以让你一分钟做出影楼级照片。它还能一键分享到新浪微博、人人网、腾讯微博等社交平台。继 PC 版之后，美图秀秀又推出了 iPhone 版、Android 版、iPad 版及网页版。目前美图秀秀在各大软件站的图片类高居榜首，同时在 App Store、Android 电子市场摄影类长期位居第一。

二、软件的安装

双击“XiuXiu_Soft.exe”文件，即可进入安装向导。按照向导提示一步步操作，即可完成美图秀秀 3.0 的安装。安装成功后，在“开始/程序”菜单中会出现“美图\美图看看、美图秀秀”菜单项，在桌面上会出现一个

图标。双击该图标，即可进入美图秀秀 3.0 的欢迎首页，如图 2-59 所示。

图 2-59

三、应用实例

在欢迎首页的左上角，有这样一组标签，如图 2-60 所示。

图 2-60

它们的功能有如下几个。

（1）美化：对图片进行基础色调处理。

（2）美容：对人物照片脸部进行美容处理。

（3）饰品：添加各种可爱的饰品。

（4）文字：添加文字、漫画气泡、文字模板。

（5）边框：为图片添加各种边框。

（6）场景：提供海量场景。

（7）闪图：超炫的动感闪图。

（8）娃娃：制作超好玩的摇头娃娃。

（9）拼图：将多张图片自由组合。

下面，我们使用美图秀秀软件制作两个具体的实例。

【例 2-2】生活照变证件照。（如图 2-61、图 2-62 所示）

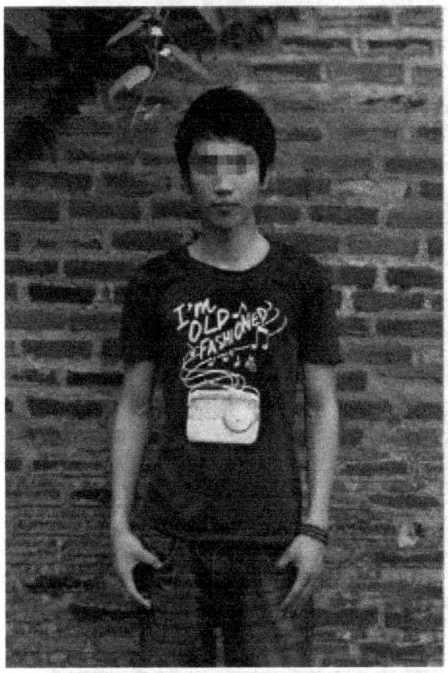

图 2-61

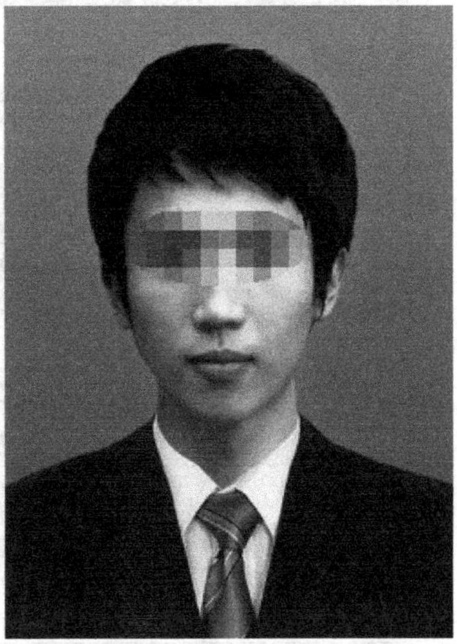

图 2-62

操作步骤

（1）在美图秀秀中打开图 2-61，单击“美化”标签，选择“抠图笔”，抠图样式为手动抠图，将头部选取出来。如图 2-63 所示。

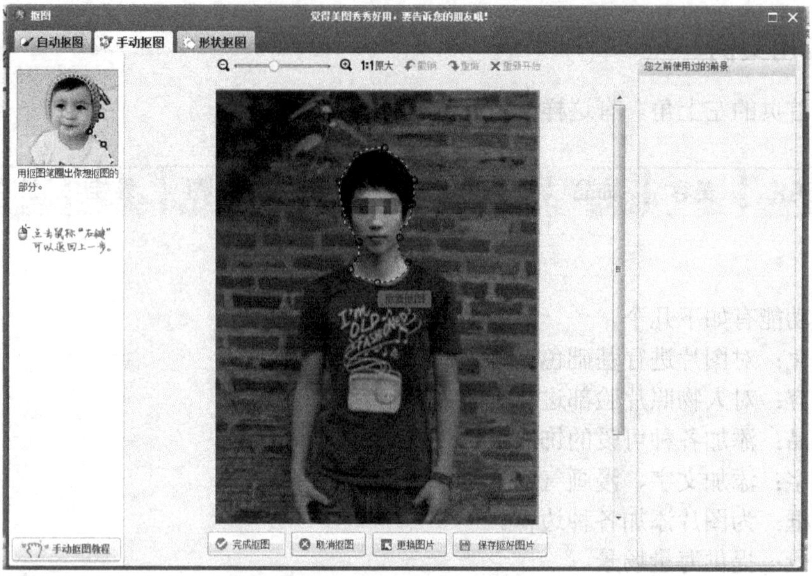

图 2-63

（2）添加蓝色背景。

（3）单击“饰品”标签，选择“证件照”，在窗口右边选取相应的素材。调整素材的尺寸，使之与头部尺寸相匹配。然后将两部分合成到一起。如图 2-64 所示。

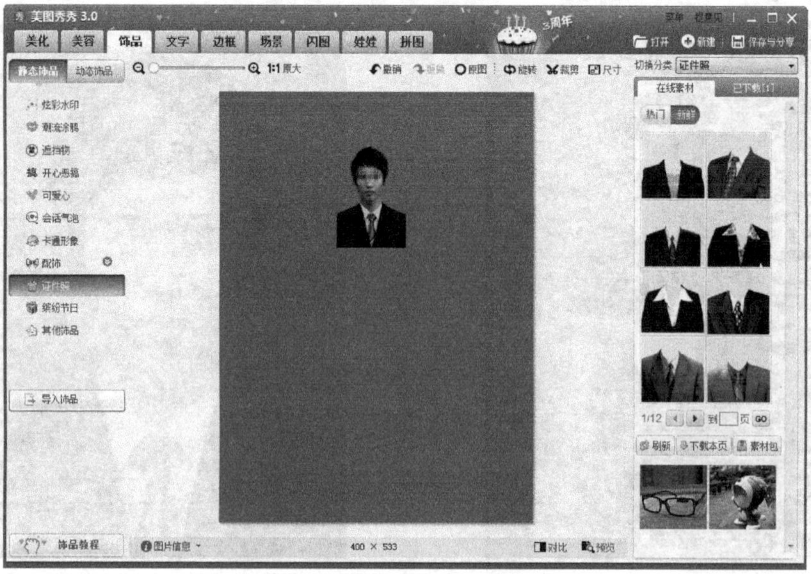

图 2-64

（4）对图片进行相应的裁剪，如图 2-65 所示。

（5）单击“美化”标签，微调色彩平衡；在窗口右边的特效展示中选择“基础特效/去雾”特效。

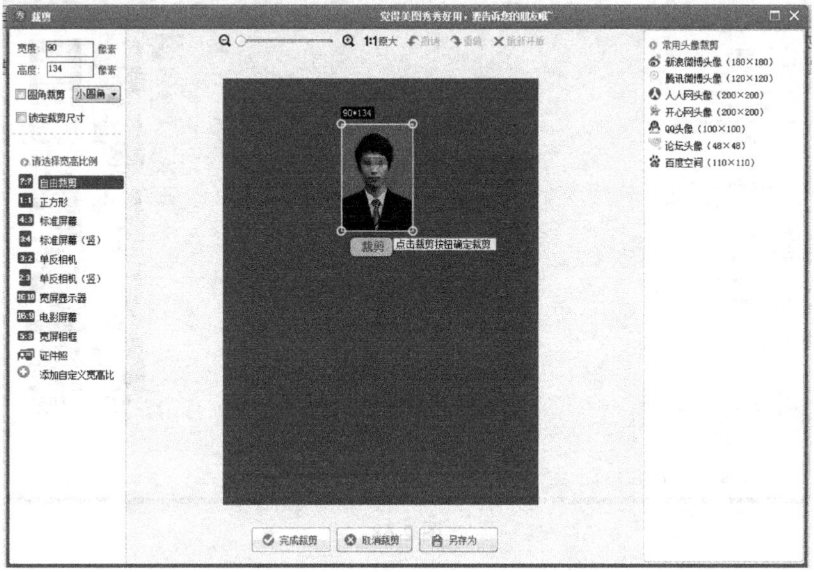

图 2-65

（6）保存图片。图片效果如图 2-62 所示。

【例 2-3】制作摇头娃娃。

使用美图秀秀可以制作单人摇头娃娃，也可以制作多人摇头娃娃。这里介绍如何制作双人摇头娃娃。

操作步骤

（1）准备好两张图片作为素材。如图 2-66、图 2-67 所示。

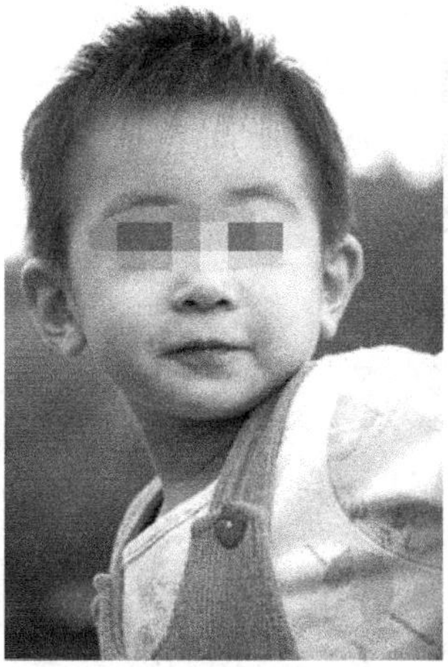

图 2-66

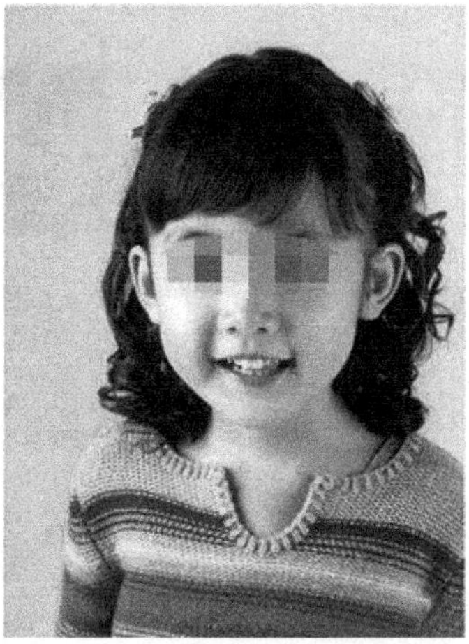

图 2-67

（2）打开美图秀秀，在欢迎首页中打开一张图片。我们打开图 2-66，图片便加载进来了。如图 2-68 所示。

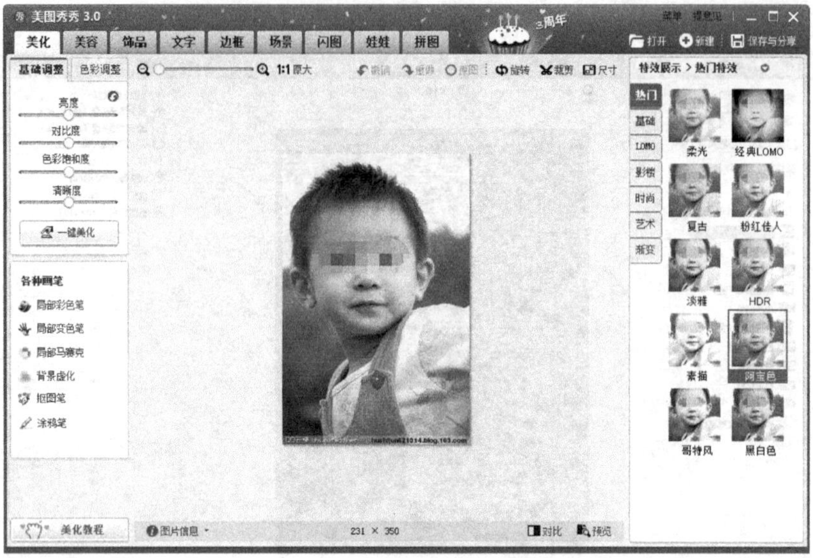

图 2-68

（3）单击“娃娃”标签，选择“多人摇头娃娃”。

（4）选择我们想要做成的最终样式的素材，单击软件右边的“在线素材”就可以选择我们想要的素材了。有很多样式供我们选择，这里我们选择下图中黄色方框中的样式为例。如图 2-69 所示。

图 2-69

（5）单击我们想要的样式，就会进入如图 2-70 所示的抠图页面。光标也变成了钢笔形状。

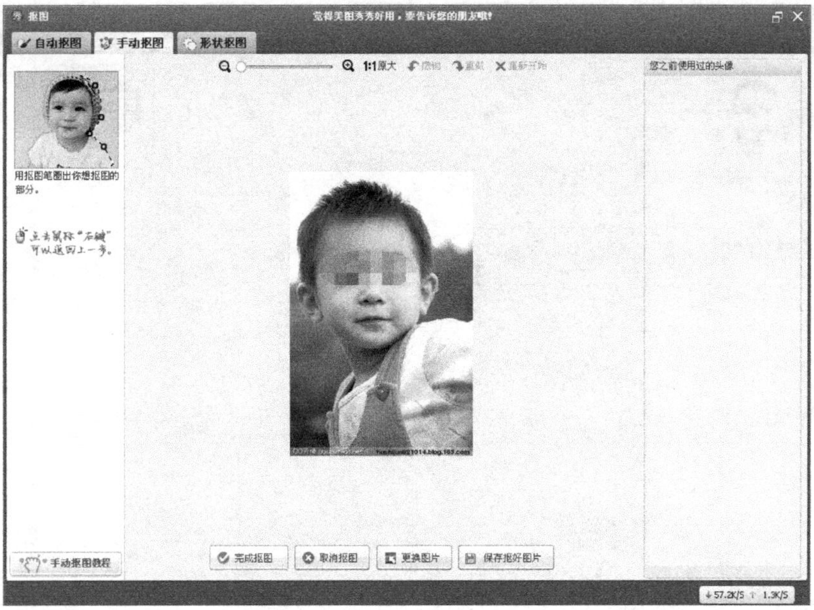

图 2-70

（6）开始抠图。有 3 种抠图方式：自动抠图、手动抠图、形状抠图。这里我们选择“自动抠图”。

（7）单击“完成抠图”按钮进入如图 2-71 所示的界面。（如果觉得抠的图不满意，可以选择“重新抠图”）

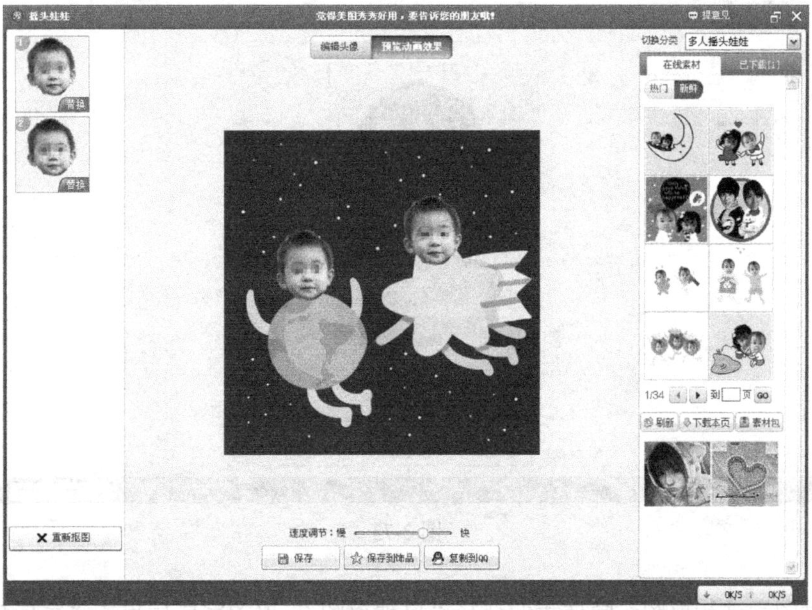

图 2-71

（8）单击第 2 个头像上的“替换”按钮，出现如图 2-72 所示的界面。

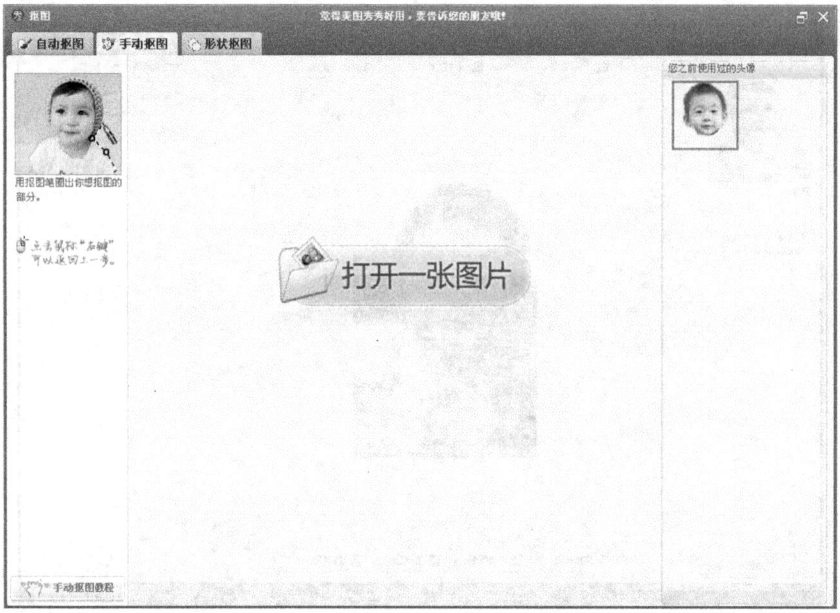

图 2-72

（9）打开图 2-67，出现如图 2-73 所示的界面。

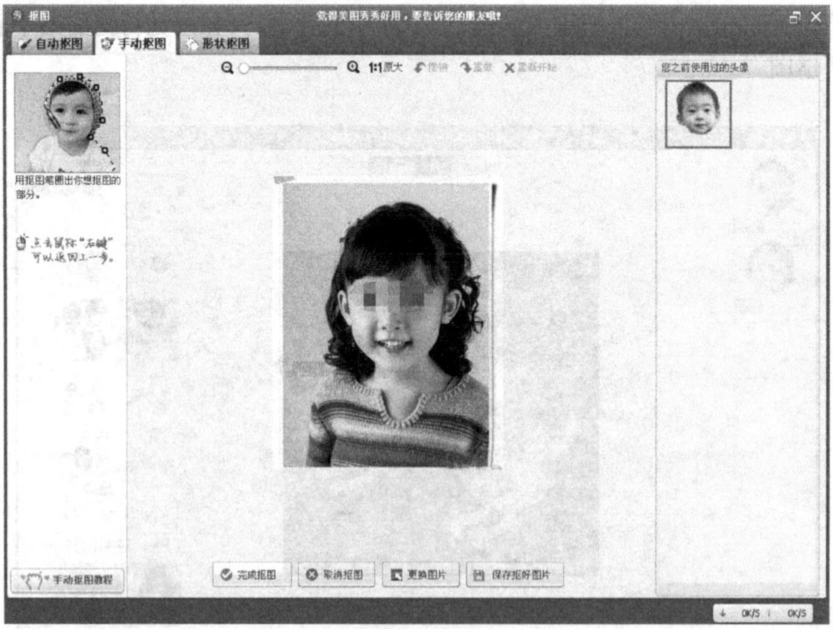

图 2-73

（10）对图片进行抠图，同样我们选择“自动抠图”。抠图完成后单击“完成抠图”按钮，进入如图 2-74 所示的界面。（如果觉得抠的图不满意，可以选择“重新抠图”）

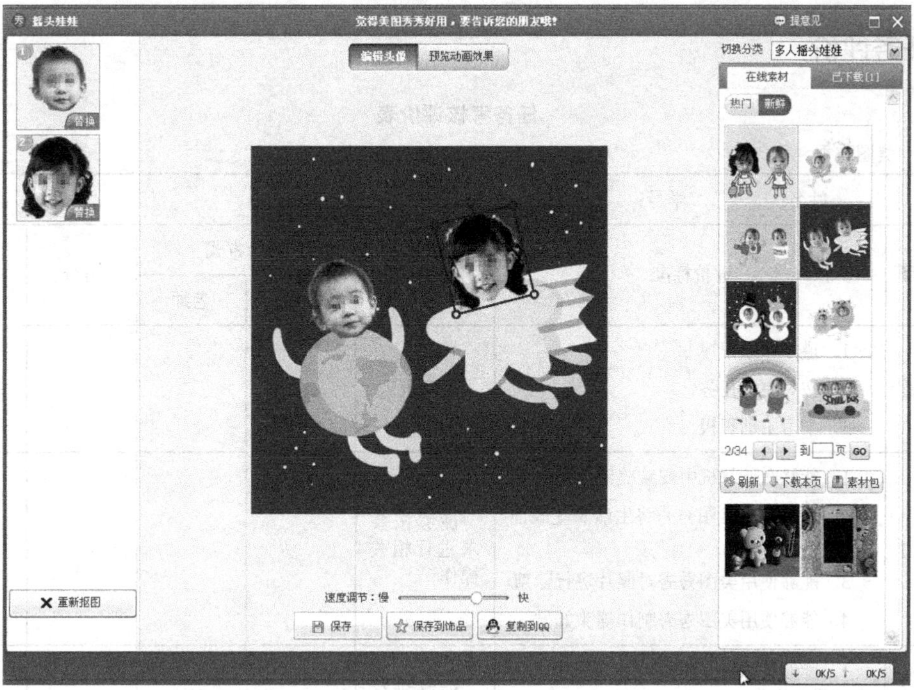

图 2-74

（11）单击“预览动画效果”即可看到成品了，如图 2-75 所示。可爱的双人摇头娃娃就制作完成了，是不是很可爱呢。

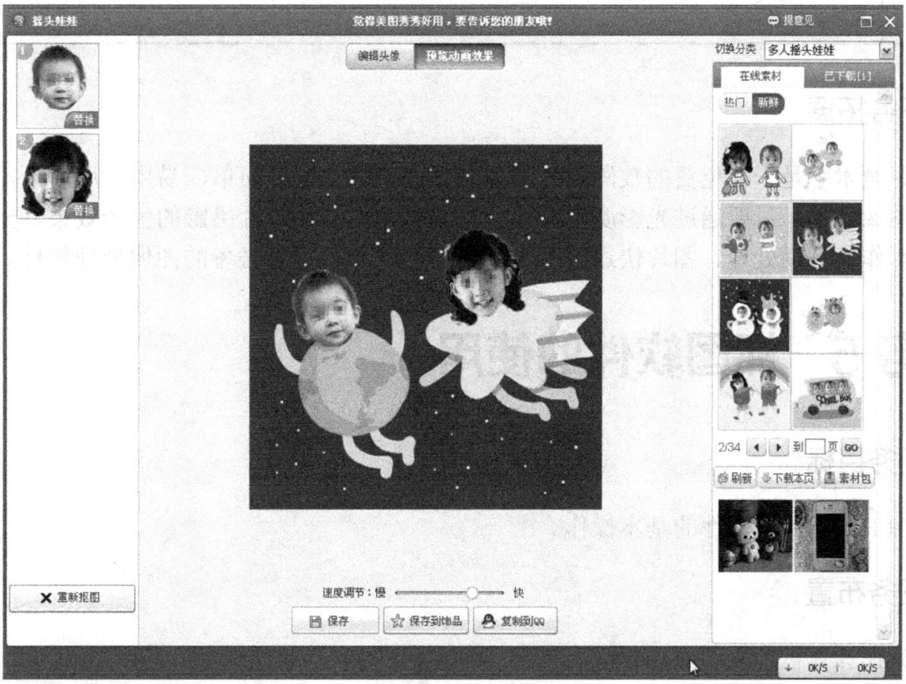

图 2-75

（12）保存图片。

任务评价

任务考核评价表

任务名称　美图秀秀

班级： 姓名： 学号：						
评价项目	评价标准	评价依据	评价方式		得分	备注
			小组	老师		
职业素质	1．遵守课堂纪律 2．按时完成任务 3．学习主动积极	课堂表现				
专业能力	1．能够在计算机中安装美图秀秀软件 2．能够使用美图秀秀将生活照变成证件照 3．能够使用美图秀秀对照片进行除痘 4．能够使用美图秀秀制作摇头娃娃	能够按要求进行相关操作				
方法能力	1．能够灵活进行操作，并且采用多种方法进行操作 2．能够借助网络进行任务拓展	能够进行知识迁移				
指导教师综合评价	指导教师签名：　　　　日期：					

任务拓展

光影魔术手是一款免费的数码照片处理软件。它的特点是简单、易用。用户不需要任何专业的图像技术，只要通过光影魔术手，就可以制作出专业胶片摄影的色彩效果。光影魔术手是摄影作品后期处理、图片快速美容、数码照片冲印整理时必备的图像处理软件。

任务5　抓图软件的使用

任务目标

掌握HyperSnap软件的基本操作。

任务布置

（1）在计算机中安装HyperSnap软件；

（2）使用HyperSnap捕捉全屏、捕捉窗口或控件、捕捉按钮、捕捉选定区域、捕捉视频或游戏的图像。

任务实施

一、软件功能介绍

使用键盘上的 Print Screen 键抓图时有很多局限性。为了满足用户的需要，出现了支持强大抓图功能的软件，HyperSnap 就是其中比较优秀的一款。它不仅能抓取标准桌面程序，还能抓取 DirectX、3DfxGlide 游戏和视频截图，并且支持多种图形保存格式（包括 BMP、GIF、JPEG 和 TIFF 等）。

二、软件的安装

双击“HprSnap6.exe”文件，不用安装，即可打开 HyperSnap 6 的程序主界面窗口。如图 2-76 所示。

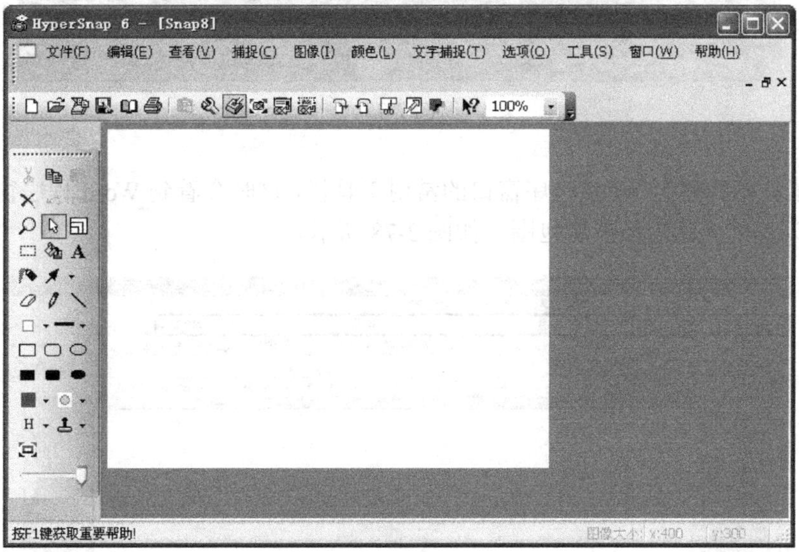

图 2-76

三、应用实例

1. 捕捉全屏

功能：截取的是整个桌面上的图像。

方法一：选择“捕捉/全屏”命令。

方法二：使用 Ctrl+Shift+F 组合键或者 PrintScreen 键。

如图 2-77 所示，就是通过这两种方法捕捉的整个桌面的图像。

2. 捕捉窗口或控件

功能：可以选择抓取不同的窗口。使用这个功能时，鼠标将会变成一个选择框，以选取桌面上不同的部分。它会自动把相同性质的部分放在一个框内，如工具栏、菜单栏、状态栏等都可以作为不同的部分而被选取。例如，现在要截取 Word 程序中的常用工具栏图像，具体操作如下：

（1）选择“捕捉/窗口或控件”命令（或者用 Ctrl+Shift+W 组合键）。

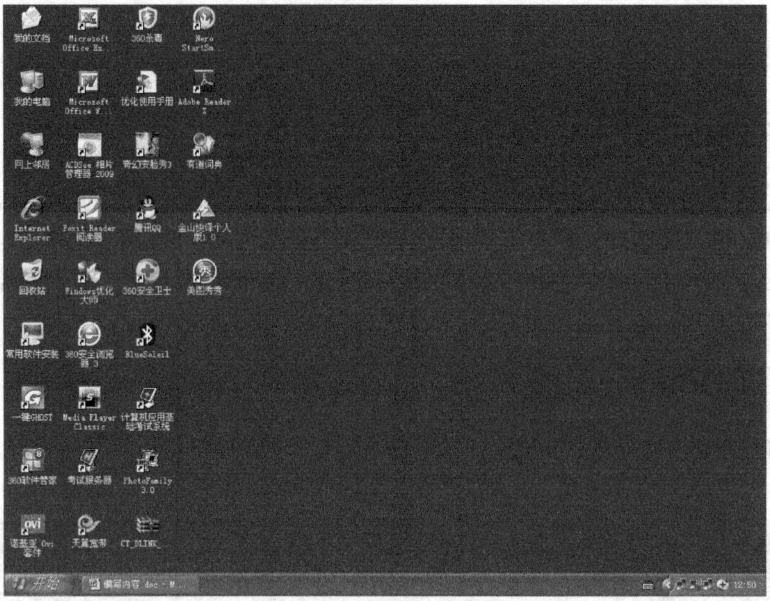

图 2-77

（2）将鼠标指针移至 Word 程序窗口的常用工具栏，这时会看到 Word 程序窗口的常用工具栏被一个闪烁的黑色矩形框所包围，如图 2-78 所示。

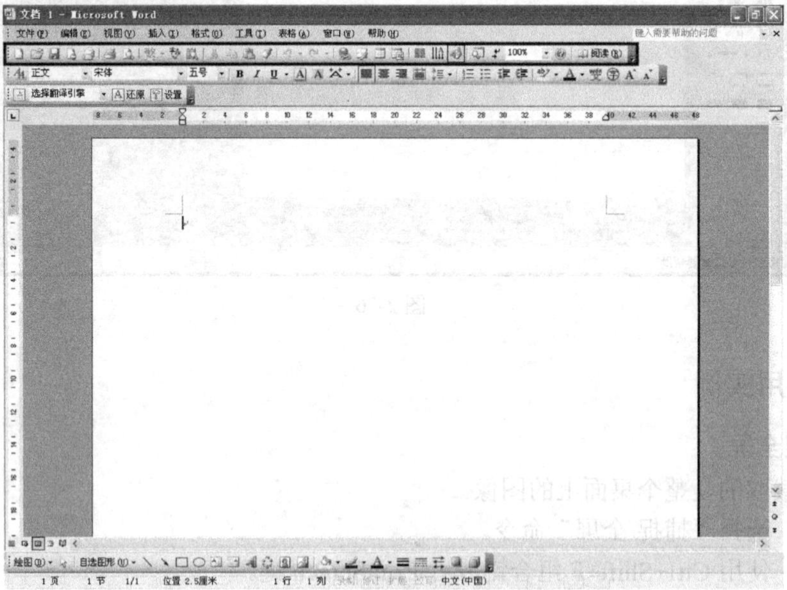

图 2-78

（3）选择好后单击鼠标左键，这时所抓取的图片就会显示在 HyperSnap 程序窗口的图片显示区域了。如图 2-79 所示。

图 2-79

3. 捕捉按钮

功能：截取按钮。

例如，现在要截取 Word 程序窗口的常用工具栏上的格式刷按钮的图像，具体操作如下：

（1）选择“捕捉/按钮”命令（或者用 Ctrl+Shift+B 组合）。注意，如果使用快捷键的话，必须先把鼠标放在要截取的按钮上。

（2）将鼠标指针移至 Word 程序窗口的常用工具栏上的格式刷按钮上，这时光标的形状变成十字形。

（3）单击鼠标左键，这时所抓取的图片就会显示在 HyperSnap 程序窗口的图片显示区域了。如图 2-80 所示。

图 2-80

4. 捕捉选定区域

功能：可以截取随意指定的矩形屏幕区域。

例如，如果想把图 2-81 中的黑框部分截取下来，具体操作如下：

图 2-81

（1）选择“捕捉/区域”命令（或者用 Ctrl+Shift+R 组合键）。

（2）将鼠标移到该图片上，这时鼠标会变为十字叉形。

（3）在需要截取的图像区域的左上角按下鼠标左键，然后将光标拖曳到区域的右下角，框住要抓取的图像，此时在图像中央还会显示像素。框选后单击鼠标左键确定，即完成截图。截取到的图像效果如图 2-82 所示。

图 2-82

5. 启用视频或游戏捕捉

功能：可以截取 Direct X、3Dfx GLIDE 游戏、VCD 及 DVD 的图像。

具体操作如下：

（1）选择“捕捉/启用视频或游戏捕捉”命令。

（2）这时会弹出“启用视频或游戏捕捉”对话框。在该对话框中，进行如图 2-83 所示的设置，其中 Gamma 系数是用来调节图像明暗度的。

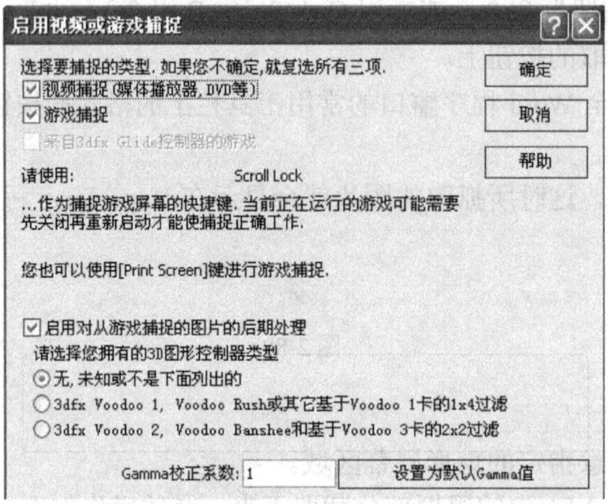

图 2-83

（3）播放视频文件，当看到想要的图时，只要按下 ScrollLock 键即可完成抓图。

任务评价

任务考核评价表

任务名称　抓图软件的使用

班级：	姓名：	学号：				
评价项目	评价标准	评价依据	评价方式		得分	备注
			小组	老师		
职业素质	1．遵守课堂纪律 2．按时完成任务 3．学习主动积极	课堂表现				
专业能力	1．能够在计算机中安装 HyperSnap 软件 2．能够使用 HyperSnap 捕捉全屏 3．能够使用 HyperSnap 捕捉窗口或控件 4．能够使用 HyperSnap 捕捉按钮 5．能够使用 HyperSnap 捕捉选定区域 6．能够使用 HyperSnap 捕捉视频或游戏的图像	能够按要求进行相关操作				
方法能力	1．能够灵活进行操作，并且采用多种方法进行操作 2．能够借助网络进行任务拓展	能够进行知识迁移				
指导教师综合评价	指导教师签名：	日期：				

任务拓展

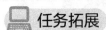

屏幕抓图软件是目前使用频率较高的软件之一。通过简单的操作，屏幕中出现的任何内容，都可以被方便地保存为图片，以应用于各种场合，因此屏幕抓图软件受到了越来越多用户的青睐。目前常用的屏幕抓图软件除了 HyperSnap 外，还有 Snagit、红蜻蜓抓图精灵、屏幕捕捉专家、超级屏捕等。

项目三
影音制作

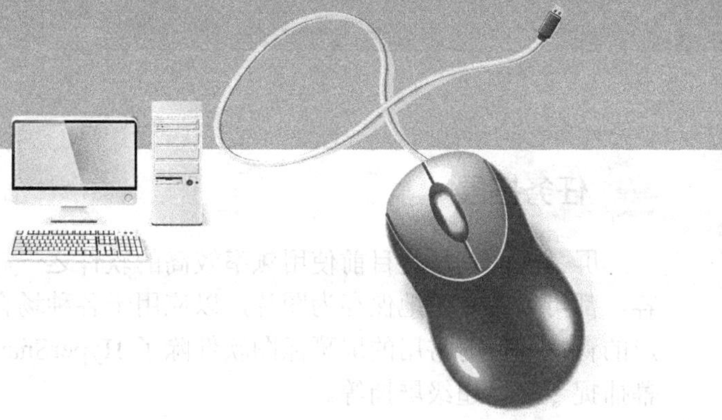

工作情景创设

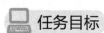

学校要举行文艺汇演，三（1）班的同学们要进行歌曲串烧联唱，他们需要将几首歌伴奏的一部分连起来，形成新的歌曲伴奏，你能用电脑软件帮助他们吗？班上的文艺委员想看看到底是怎样合成的，你能将在电脑上合成的过程记录下来给文艺委员看看吗？班上的小明有这样一个设想：想将文艺汇演的相片和视频配上音乐和字幕制作小电影，刻录成 VCD 寄给远在乡下的爷爷奶奶，你能帮助他完成心愿吗？

项目内容及要求

（1）运用 Cooledit Pro 进行音频剪辑、录音和音效合成。

（2）运用屏幕录像软件（易用屏幕录像大师）录制屏幕。

（3）运用会声会影制作小电影。

任务1　音频剪辑、录音和音效合成

任务目标

（1）用 Cooledit Pro 进行音频剪辑；

（2）用 Cooledit Pro 进行录音并进行音效合成。

任务布置

（1）将几首歌的伴奏进行剪辑，合成一首新的伴奏；

（2）根据老师提供的伴奏，学生进行录音，然后合成一首歌。

任务实施

1. Cooledit Pro 功能介绍

Cooledit Pro 是一个功能强大的音乐编辑软件，能高质量地完成录音、编辑、合成等任务，只要拥有它和一台配备了声卡的电脑，也就等于同时拥有了一台多轨数码录音机、一台音乐编辑机和一台专业合成器。

Cooledit Pro 能记录的音源包括 CD、卡座、话筒等多种，并可以对它们进行降低噪声、扩音、剪接等处理，还可以给它们添加立体环绕、淡入淡出、3D 回响等奇妙音效，制成的音频文件，除了可以保存为常见的.wav、.snd 和.voc 等格式外，也可以直接压缩为 MP3 或 Cooledit Pro（.rm）文件，放到互联网上或 email 给朋友，大家共同欣赏，当然，如果需要，你还可以烧录到 CD 上。甚至，借助于 Cooledit Pro 对采样频率为 96kHz、分辨率为 24 位录音的支持，你还可以制作更高品质的 DVD 音频文件。

2. 应用实例

【例 3-1】将几首歌的伴奏进行剪辑，合成一首新的伴奏。

（1）步骤 1：启动 Cooledit Pro 切换到波形编辑界面，如图 3-1 所示。

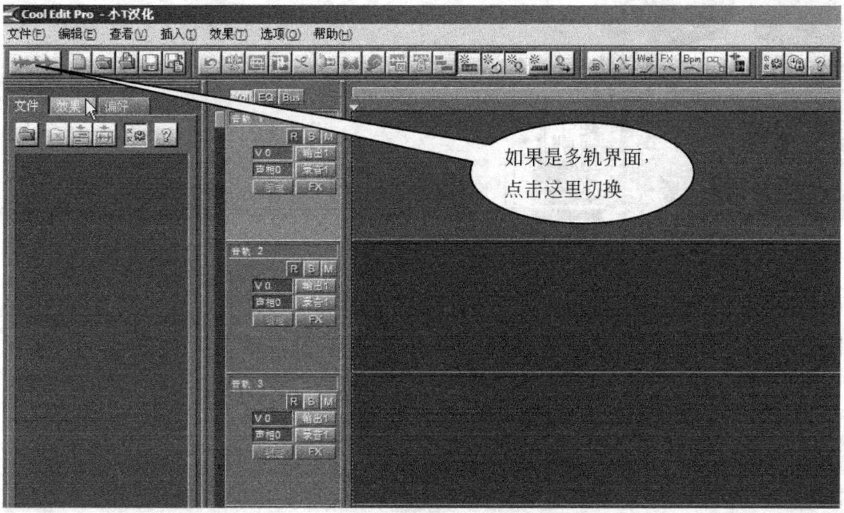

图 3-1

（2）步骤 2：打开要进行剪辑的伴奏，如图 3-2 所示。

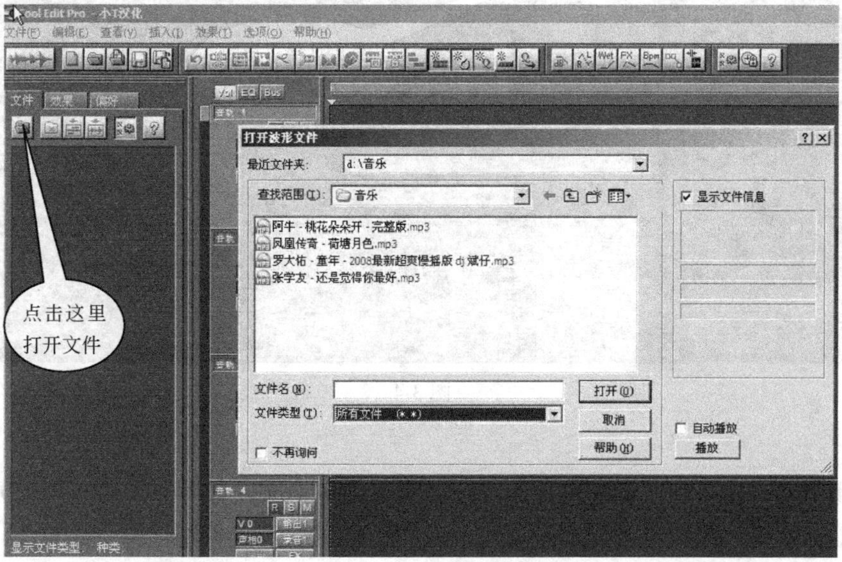

图 3-2

（3）步骤 3：用同样的方法，打开其他文件，如图 3-3 所示。

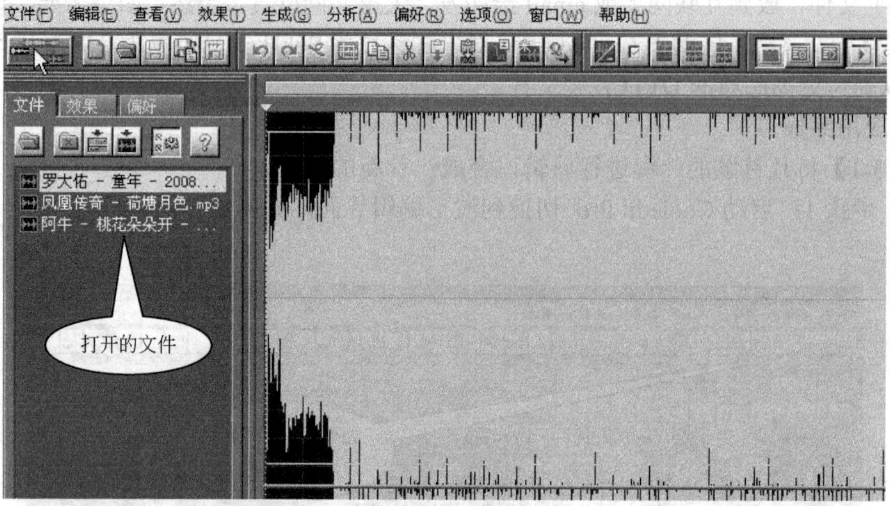

图 3-3

（4）步骤 4：切换到多轨界面，选中音轨 1 并置于零点位置，如图 3-4 所示。

图 3-4

（5）步骤 5：切换到波形编辑界面，按住鼠标并拖动选中音乐中的某一段，可反复试听确定你要的那一段，然后按鼠标右键选择插入到多轨中，如图 3-5 所示。

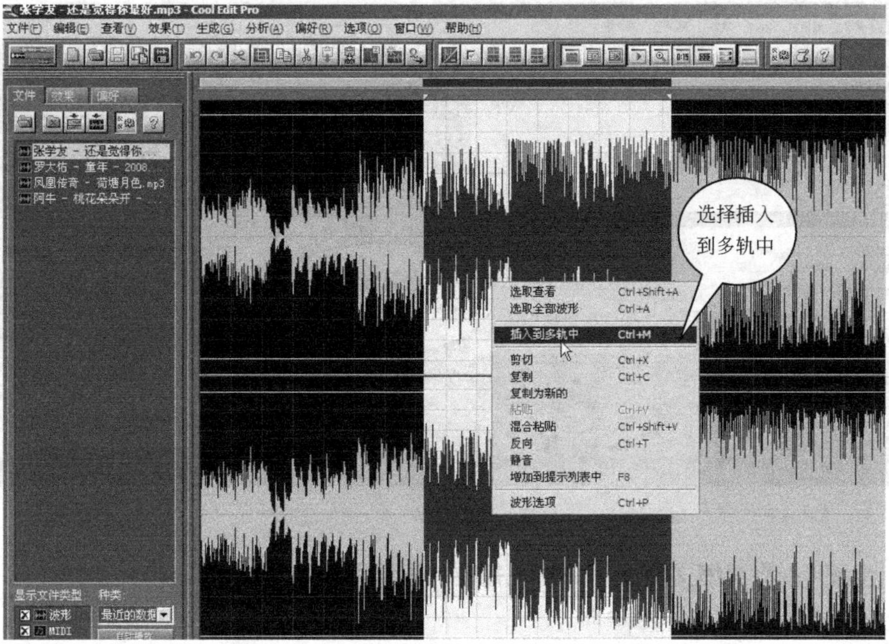

图 3-5

（6）步骤 6：切换到多音轨界面，可以看到所选取的音频已插入到音轨 1 中，接着将插入点移到刚插入音频的尾部，见图 3-6。

图 3-6

（7）步骤 7：重复步骤 5 和步骤 6，将所需的音频插入到音轨 2 或音轨 3 中。

（8）步骤 8：将全部波形混缩到文件，如图 3-7 所示。

图 3-7

（9）步骤 9：将混缩文件保存成自己需要的格式即可。

【例 3-2】打造自己的原声金曲

唱歌一般都需要伴奏音乐，但对普通爱好者来说，去哪里找小乐队呢？没关系，我们不妨实行拿来主义，从网上下载一些卡拉 OK 伴奏，再把自己录制的歌声混合进去，成为自己名副其实的原声金曲。

（1）步骤 1：录制你自己的原声歌曲。

把麦克风接到声卡 MIC 口上（声卡上有多个接口，MIC 口一般会标识出一个麦克风图标）。打开主音量控制窗口，在其中选中“麦克风”项，并拖动滑钮适当调高音量，见图 3-8。返回 Cool Edit 中，切换到多轨界面，将网上下载的伴奏音乐插入到音轨 1 中。单击音轨 2 中的红色“R”按钮，将其点亮，表示音轨 2 当前处于录音范围之中。接下来单击主界面左下角的录音按钮，对着麦克风开始演唱即可，如图 3-9 所示。

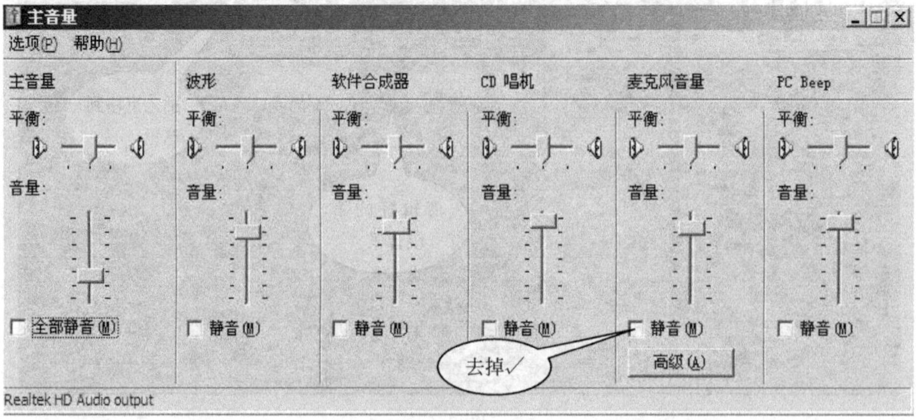

图 3-8

因为第 1 音轨中已导入了伴奏音乐，所以在录制的过程中伴奏音乐也会同时播放，这样正好可以让我们掌握住歌曲的节奏。不过在录音之前最好还是多练习几遍，否则录出来的歌可能没法听哦。另外，最好戴着耳机来录音，免得伴奏音乐被重复录制，产生噪音。演唱完毕，再次单击录音按钮即可停止。

图 3-9

（2）步骤 2：编辑优化。

单击第 2 音轨的“R”按钮关闭它，然后按空格键试播一下录音。是不是觉得录制的声音较小，听不清楚？没关系，可以调整一下音量。按右键单击新录制的声音波形，选择“调整音频块音量”，在打开的音量窗口上，将滑钮向上拖动即可整体调整新录制声音的大小了，如图 3-10 所示。

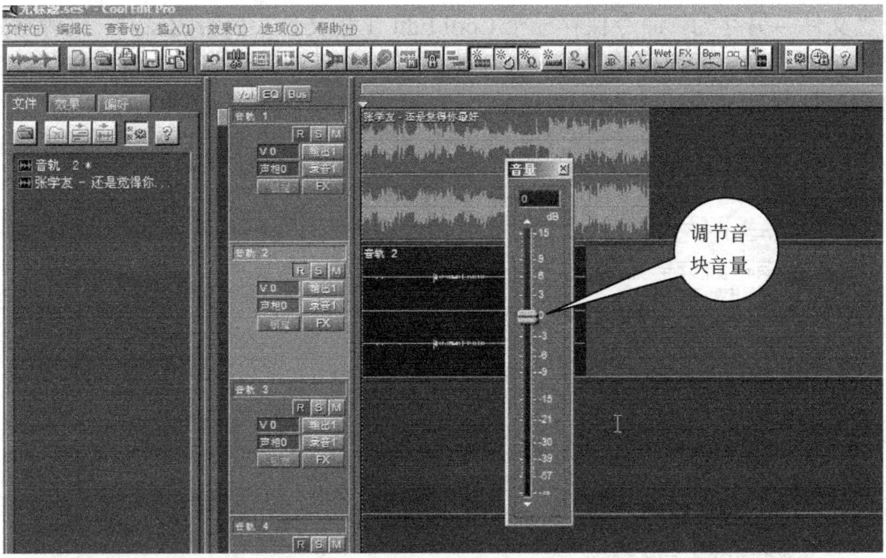

图 3-10

依此类推，如果觉得伴奏的音量太大了，可按右键单击它，选择“调整单频块音量”并将滑钮适当下拖即可。单击一下第 2 音轨中刚刚录制的波形声音，使其为选中状态，按 F12 键切换到波形编辑界面中，刚才录制的声音以波形显示出来。这波形编辑界面中，可以为声音添加多种特殊效果，如图 3-11 所示。单击左侧窗格上的“效果”选项卡，其中有一个效果列表，单击展开分类项，再双击其下的某一效果，比如双击“变速/变调”下面的“变速器”项，右侧声音波形自动被全选，并打开变速对话框，其中有好几项预置的效果，点选一项之后再单击“预览”按钮，即可试听一下，觉得满意的话，确定就可以了。电视、收音机中，有一些非常卡通的人声特效，就可以通过变速器来完成，非常有意思。对录制的声音进行降低噪声、压限、混音等处理。

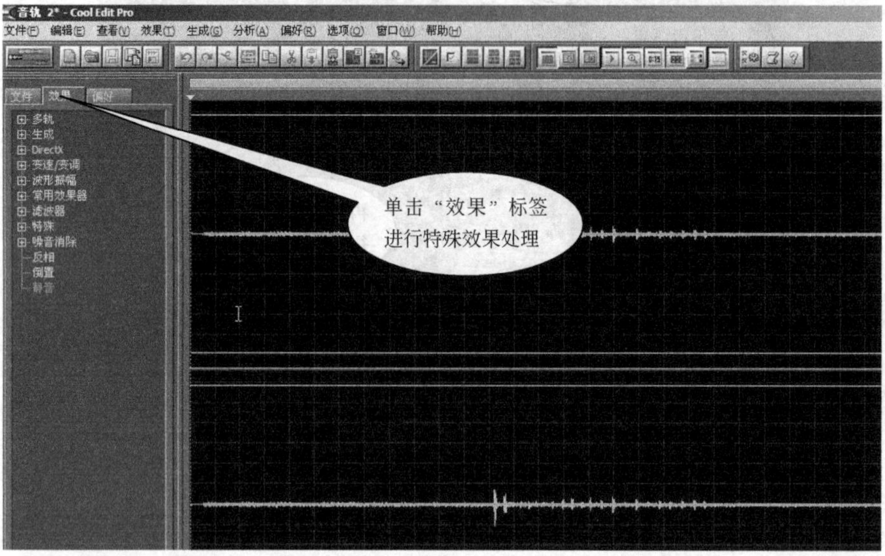

图 3-11

（3）步骤 3：保存歌曲，你的大碟出世啦。

制作好伴奏，完成了声音录制、编辑，最后别忘了保存文件。按 F12 键切回多轨界面中，首先执行“文件→另存为”命令保存一个 Cool Edit 工程文件（后缀为.ses），这种格式完整保存了各个音轨的信息，方便以后修改。接下来执行“文件→混缩另存为”命令，就可以把制作的原声金曲保存为 WAV、MP3、WMA 等流行的音频格式了，如图 3-12 所示。

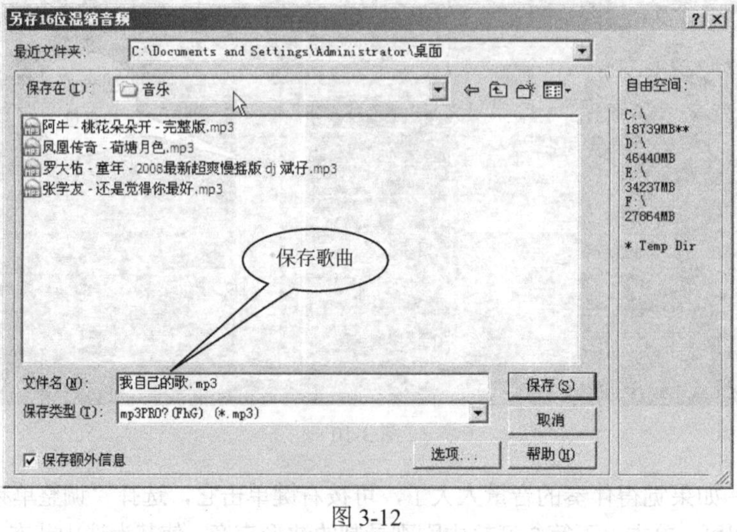

图 3-12

任务评价

任务考核评价表

任务名称 音频剪辑、录音和音效合成

班级： 姓名： 学号：

评价项目	评价标准	评价依据（上交作业）	评价方式		得分	备注
			小组	老师		
职业素质	1. 遵守课堂纪律 2. 按时完成任务 3. 学习主动积极	课堂表现				
专业能力	1. 能运用 Cooledit Pro 进行音频剪辑。 2. 能运用 Cooledit Pro 进行录音及合成音乐	1. 剪辑后合成的音频符合要求 2. 录音与伴奏节奏一致				
方法能力	能够真正应用于生产生活中	帮助班主任或其他教师进行音乐编辑				
指导教师综合评价	指导教师签名： 日期：					

任务改进与拓展

1. 任务改进

由于机房缺少录音设备，这个任务由教师演示完后再叫学生示范，其余同学可回家完成。

2. 任务拓展

用 CoolEdit Pro 制作伴奏的方法

用 Cool Edit Pro 消除原唱的方法，实际上可以说很简单，然而要想把它做得很完美还是得下点工夫。这里说的“消原唱”只是 Cool Edit Pro 菜单中的一个独立功能，选择并使用就能立即出结果。但是要想得到最好的效果，仅仅使用 Cool Edit Pro 的消原唱菜单功能还是不够的！你还得进行更多细致的音频处理和设置。无论如何，还是先让我们尝试下最简单的“消除原唱”的方法。首先进入“单轨编辑模式”界面。用“File”→“Open”调入一个音频文件。以罗大佑的《童年》为例，文件名为“童年.MP3”。

调入后选择“Effects”→“Amplitude”→“Channel Mixer….”（中文版的为“效果”→“波形振幅”→“声道重混缩”），在预置中选择“Vocal Cut”见图 3-13。

保持对话框上的默认设置，点“OK”按钮。经过处理后，就得到了《童年》这首歌的伴奏音乐。“Vocal Cut”功能的原理是：消除声像位置在声场中央的所有声音（包括人声和部分伴奏）。所以用此功能主要的还是要看伴奏的来源，混音前是否有乐器和人声放在声场的中央，如果有的话用此功能都会把它给消除掉，造成了音质的衰减。比如说一般声场放在中央的有主人声、BASS 等。如果大家需要消音音频来源是我说的这些原理的来源的话，建议不要使用此功能，这样人声没消掉到把伴奏音乐全给消除了。好了，来试听下自己的成果吧！请非常仔细地听，你会发现伴奏与原声带的声音是不同的。伴奏带中的原唱声音已变得非常“虚”，但是隐约还是能听到原唱的声音，其实这就是所谓的消声后的效果（绝对消除原唱是不可能的）。这样的伴奏效果基本上可以拿去当作卡拉OK的背景音乐了，当你演唱时，你如牛般的吼叫声足以能掩盖住原唱的声音了。如果不是要求很原版的伴奏的朋友，这个应该还是行了吧。

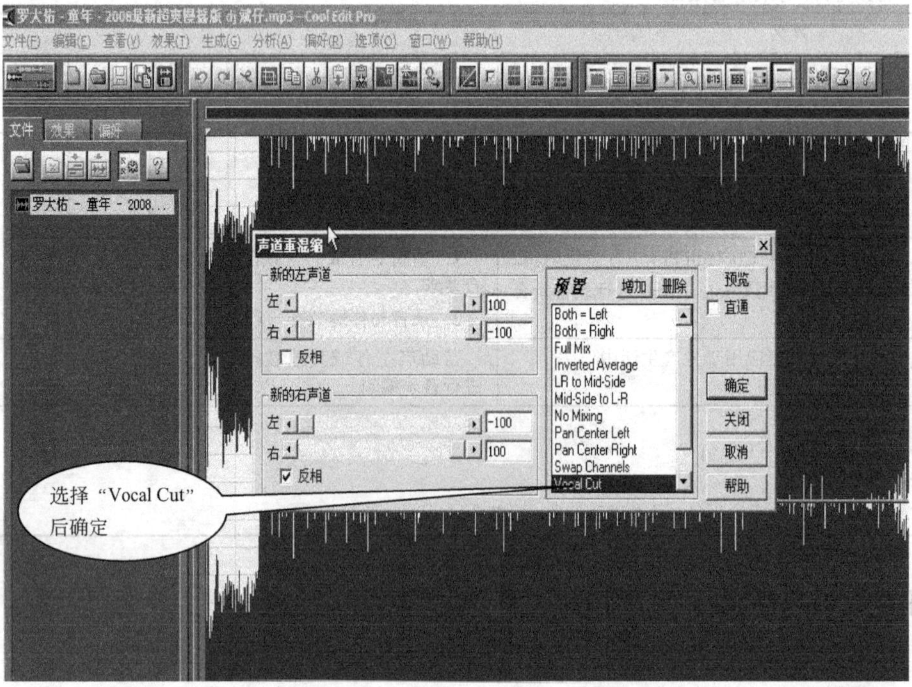

图 3-13

任务 2　运用屏幕录像软件录制屏幕

任务目标

用屏幕录像软件录制屏幕

任务布置

用 Cooledit Pro 将几首歌的伴奏进行剪辑并合成一首新的伴奏的过程记录下来

任务实施

1. 易用屏幕录像大师功能介绍

易用屏幕录像大师一款免费的录制屏幕操作的软件。免费、小巧、操作简便、占用极少的系统资源，只需四步即可将屏幕操作录制成高压缩比的 EXE 文件，而且文件相当小，非常适合网络共享和传输。具体四步如下：

第一步：双击易用屏幕录像大师.exe，启动易用屏幕录像大师，如图 3-14 所示。

图 3-14

第二步：单击“下一步”进入下一步设置，如图 3-15 所示。

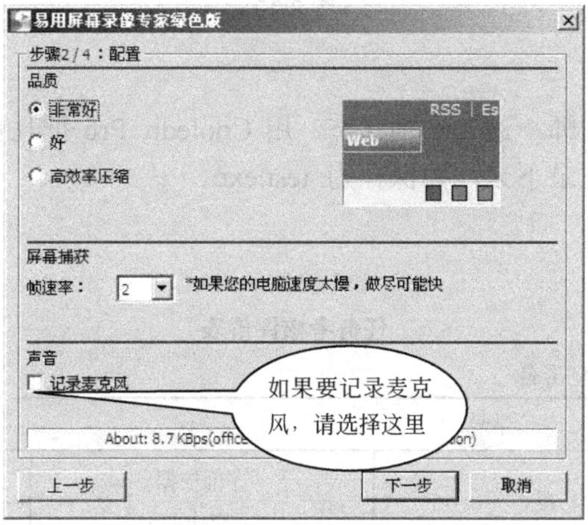

图 3-15

第三步：单击“下一步”进入如图 3-16 所示，单击“开始录制”进入开始录制。

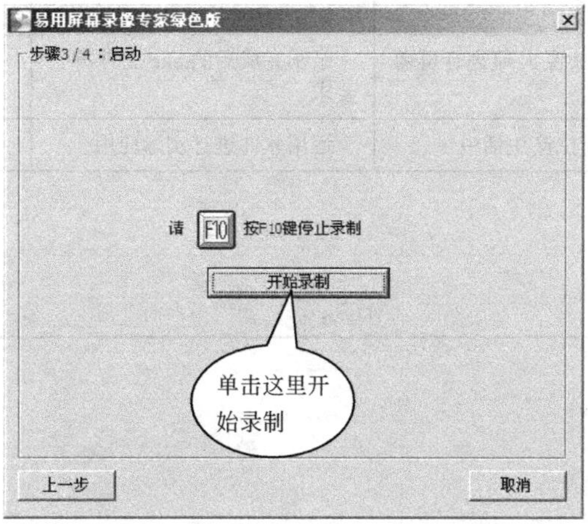

图 3-16

第四步：按 F10 键停止录制，出现如图 3-17 所示情况。

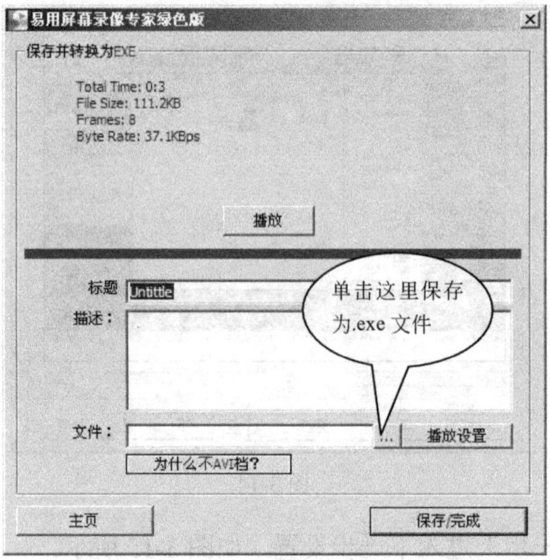

图 3-17

2. 应用实例

启动易用屏幕录像大师，进入录制状态，用 Cooledit Pro 把几首歌的伴奏进行剪辑并合成一首新的伴奏的过程记录下来，并保存为 test.exe。

任务评价

任务考核评价表

任务名称　运用屏幕录像软件录制屏幕

班级：　　　　　姓名：　　　　　学号：

评价项目	评价标准	评价依据（上交作业）	评价方式		得分	备注
			小组	老师		
职业素质	1. 遵守课堂纪律 2. 按时完成任务 3. 学习主动积极	课堂表现				
专业能力	运用易用屏幕录像大师进行屏幕录像	录制完成后的.exe 文件符合要求				
方法能力	能够真正应用于生产生活中	运用软件进行实际应用				
指导教师综合评价	指导教师签名：　　　　日期：					

任务改进与拓展

1. 任务改进

由于机房缺少录音设备，如果录制要求记录麦克风，则要同学们回家完成。

2. 任务拓展

与其他屏幕录像软件作比较，易用屏幕录像大师有哪些优点？又有哪些不足的地方？

任务3　运用会声会影制作小电影

任务目标

（1）熟悉会声会影的操作界面；

（2）能运用会声会影制作小电影。

任务布置

（1）运用影片向导快速制作电子相册；

（2）运用会声会影编辑器制作 VCD。

任务实施

1. 会声会影的操作界面

（1）启动界面如图 3-18 所示。

图 3-18

（2）影片向导。

如果您是视频编辑的初学者，或者您想快速制作影片，那么您可以用 “会声会影影片向导”来编排视频素材和图像、添加背景音乐和标题，然后将最终的影片输出成视频文件、刻录到光盘或在“会声会影编辑器”中进一步编辑。步骤介绍如下。

① 步骤 1：添加视频和图像。

a．单击以下的这些按钮可以添加视频和图像到您的影片中。如图 3-19 所示。

小提示

单击“素材库”，可以打开“会声会影”附带的、包含媒体素材的媒体库。如果要导入您自己的视频或图像文件，请单击 。

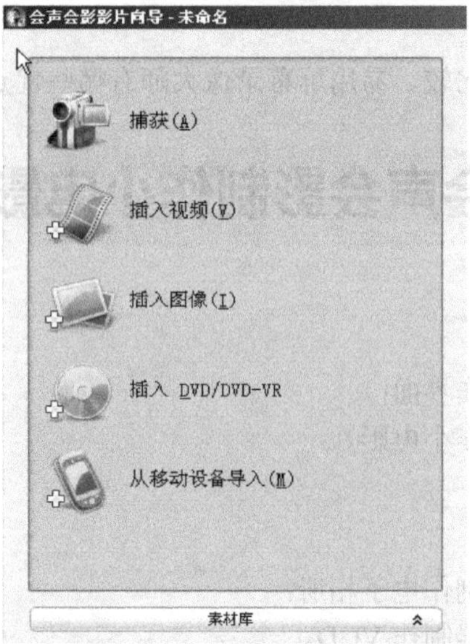

图 3-19

b．如果您选择了多个素材，您在此可以排列这些素材的顺序。 方法是将这些素材拖动到适合的顺序。如图 3-20 所示。

图 3-20

② 步骤 2：选取模板。

选取要应用到影片上的模板。每个模板提供了不同的主题，带有预设的起始和终止的视频素材、标题和背景音乐。

从“样式模板”列表中选取模板。“家庭影片”模板可以让您创建同时包含视频和图像的影片，而“相册”模板用于创建仅包含图像的相册影片。如图 3-21 所示。

图 3-21

③ 步骤 3：完成。

选取输出最后影片的方法，如图 3-22 所示。

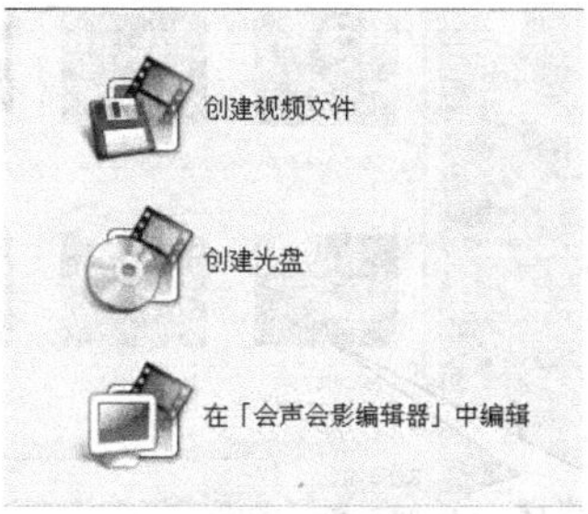

图 3-22

（3）会声会影编辑器，如图 3-23 所示。

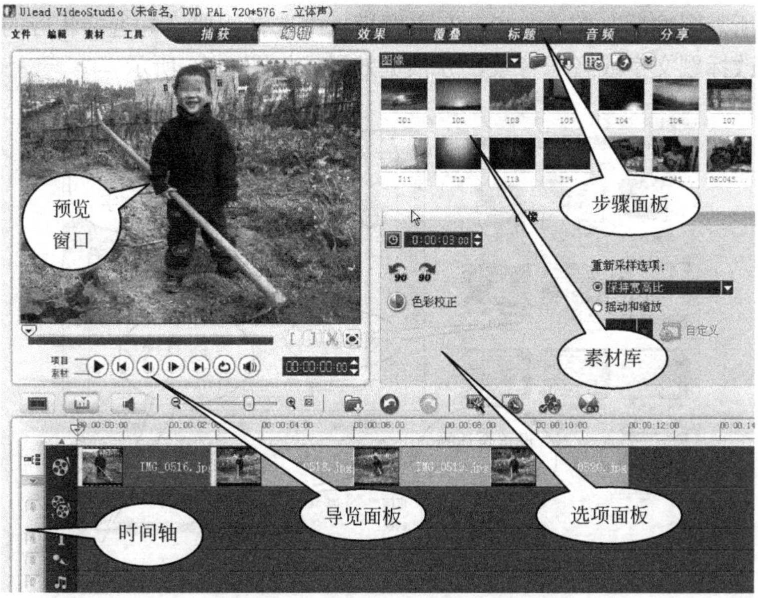

图 3-23

① 步骤面板：包含视频编辑中不同步骤所对应的按钮。

② 预览窗口：显示当前的素材、视频滤镜、效果或标题。

③ 导览面板：提供用于回放和对素材进行精确修整的按钮。在「捕获」步骤中，它也可以用于对 DV 摄像机进行设备控制。

④ 时间轴：显示项目中包含的所有素材、标题和效果。

⑤ 素材库：保存和管理所有的媒体素材。

⑥ 选项面板：包含用于对所选素材定义设置的控件、按钮和其他信息。此面板的内容会根据您所在的步骤而有所变化。

2. 应用实例

【例 3-3】

用《会声会影》快速制作电子相册，下面是具体的操作步骤：

（1）首先启动“会声会影”。

（2）单击“影片向导”，进入界面后再单击“插入图像”如图 3-24 所示。

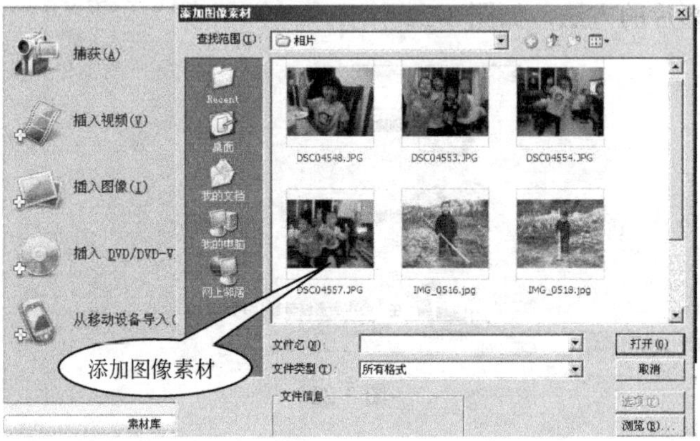

图 3-24

（3）选择所需图像后，按下一步，在主题模板中选择相册，并选择相应的模板。设置合适的区间、更改标题文字或音乐背景，并预览效果，如图 3-25 所示。

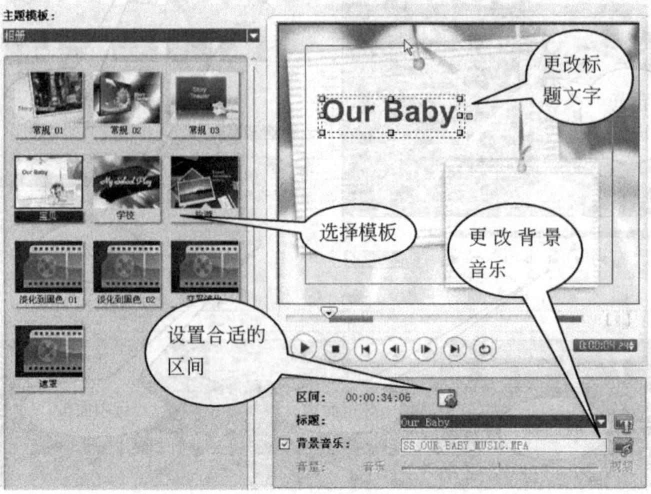

图 3-25

（4）最后创建视频文件或光盘。

【例 3-4】

使用会声会影制作 VCD。下面是具体的操作步骤：

（1）首先启动“会声会影”。

（2）单击右侧的“画廊”下拉列表，在弹出的菜单中选择“图像”命令，切换到“图像”画廊，如图 3-26 所示效果。

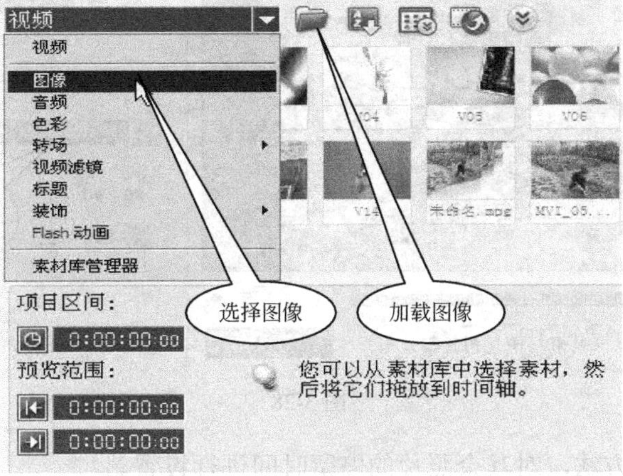

图 3-26

（3）单击“加载图像”按钮，打开“打开图像文件”对话框，从中选择需要的照片文件，然后单击“打开”按钮，将图像加入到“图像”画廊中，如图 3-26 所示效果。

（4）在“图像”画廊中拖动图像到故事板视图中，如图 3-27 所示效果。

图 3-27

（5）使用鼠标选中第一个照片内容，在左侧选项面板内的“图像区间”中，将图像的停留时间设置为5秒，如图3-28所示效果。

图3-28

（6）使用相同的方法，对其余照片的停留时间进行设置。

（7）用类似的方法，加入视频。

（8）添加视频滤镜效果，如图3-29所示。

图3-29

（9）添加转场效果，如图3-30所示。

图 3-30

（10）添加标题文字或制作片头片尾，如图 3-31 所示。

图 3-31

（11）添加背景音乐或录制旁白，如图 3-32。

（12）在菜单栏中选择“分享”步骤，切换到“分享”选项面板。

（13）将刻录光盘放入到光驱驱动器中。

（14）单击【创建光盘】按钮，打开“会声会影创建光盘”向导，通过

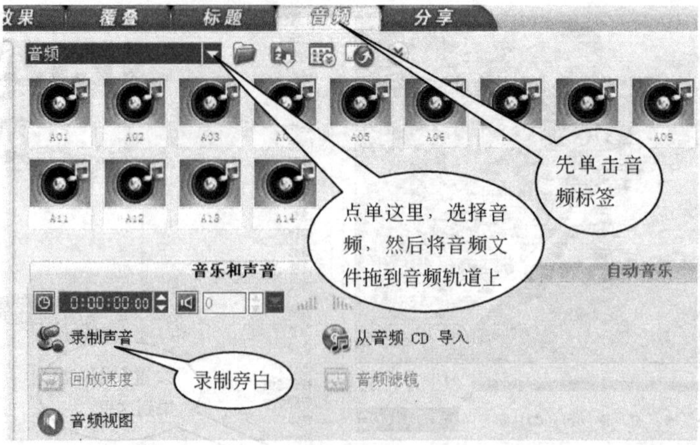

图 3-32

该向导，可将内容刻录成 DVD、VCD 光盘。如图 3-33 所示。

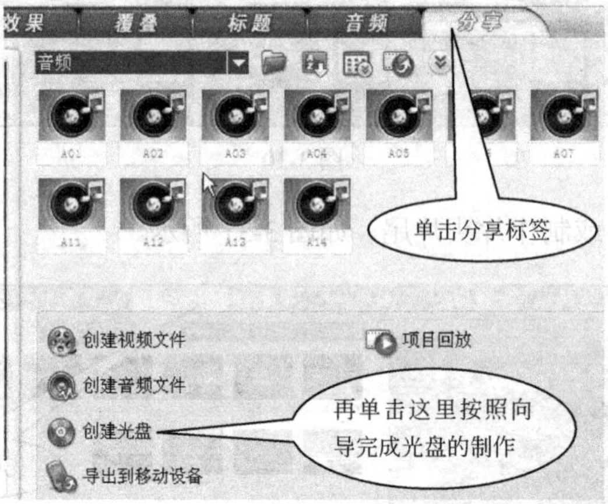

图 3-33

任务评价

任务考核评价表

任务名称　运用会声会影制作小电影

班级：	姓名：	学号：				
评价项目	评价标准	评价依据（上交作业）	评价方式		得分	备注
			小组	老师		
职业素质	1．遵守课堂纪律 2．按时完成任务 3．学习主动积极	课堂表现				
专业能力	熟练使用会声会影软件	1．电子相册能最大限度吸引观众 2．制作的 VCD 符合要求				
方法能力	能够真正应用于生产生活中	运用软件进行实际应用				
指导教师综合评价	指导教师签名：　　日期：					

任务改进与拓展

1. 任务改进

由于需要不同的数码相片或视频，同学们可以回家完成任务。

2. 任务拓展

（1）同类软件。

常见的影片剪辑软件还有 Video Edit Magic、Premiere 等，与会声会影相比，有哪些优缺点？

（2）相关知识。

按住 shift 键可同时选取多个素材，播放专案文件时按住 shift 键可只预览选定的部分。在时间轴窗口的面轨中双击可切换到相应的功能表界面。

项目四

系统优化与维护

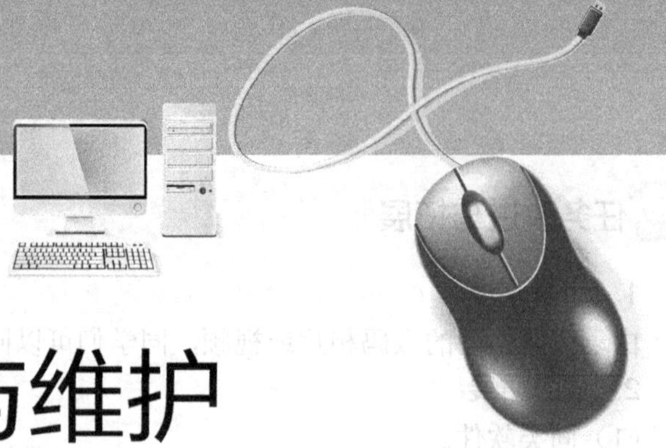

工作情景创设

计算机运行慢是每个人在使用电脑中必然会碰到的小麻烦。这个的问题也许并非木马病毒所致的，是由于电脑没有经过系统优化设置引起的，通过简单的系统优化方法可搞定一切。系统优化设置可以清理 WINDOWS 临时文件夹中的临时文件，释放硬盘空间；可以清理注册表里的垃圾文件，减少系统错误的产生；它还能加快开机速度，阻止一些程序开机自动执行；还可以加快上网和关机速度。

如果系统的硬件或存储媒体发生故障，“备份”工具可以帮助您保护数据免受意外的损失。另外购买电脑如何防止上当受骗呢？电脑整机测试（HwinFO）会帮你的忙。

项目内容及要求

（1）掌握 Windows 优化大师。

（2）超级兔子的使用。

（3）一键还原工具运用。

（4）数据备份与还原（Norton Ghost 2003）的使用。

（5）电脑整机测试（HwinFO）的使用。

任务 1　Windows 优化大师的使用

任务目标

掌握 Windows 优化大师的使用方法。

任务布置

（1）检测计算机的系统信息；

（2）一键系统优化；

（3）一键清理；

（4）有效的系统维护模块。

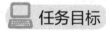

任务实施

1. Windows 优化大师功能介绍

Windows 优化大师是一款功能强大的系统辅助软件，它提供了全面有效且简便安全的系统检测、系统优化、系统清理、系统维护四大功能模块及数个附加的工具软件。使用 Windows 优化大师，能够有效地帮助用户了解自己的计算机软硬件信息；简化操作系统设置步骤；提升计算机运行效率；清理系统运行时产生的垃圾；修复系统故障及安全漏洞；维护系统的正常运转。

2. 应用实例

【例 4-1】检测计算机的系统信息。

系统信息检测的主要功能为：向使用者提供系统的硬件、软件情况报告，同时提供的系统性能测试帮助使用者了解系统的 CPU/内存速度、显示卡速度等。检测结果用户可以保存为文件以便今后对比和参考。检测过程中，Windows 优化大师会对部分关键指标提出性能提升建议。

（1）步骤 1：启动 Windows 优化大师，如图 4-1 所示。

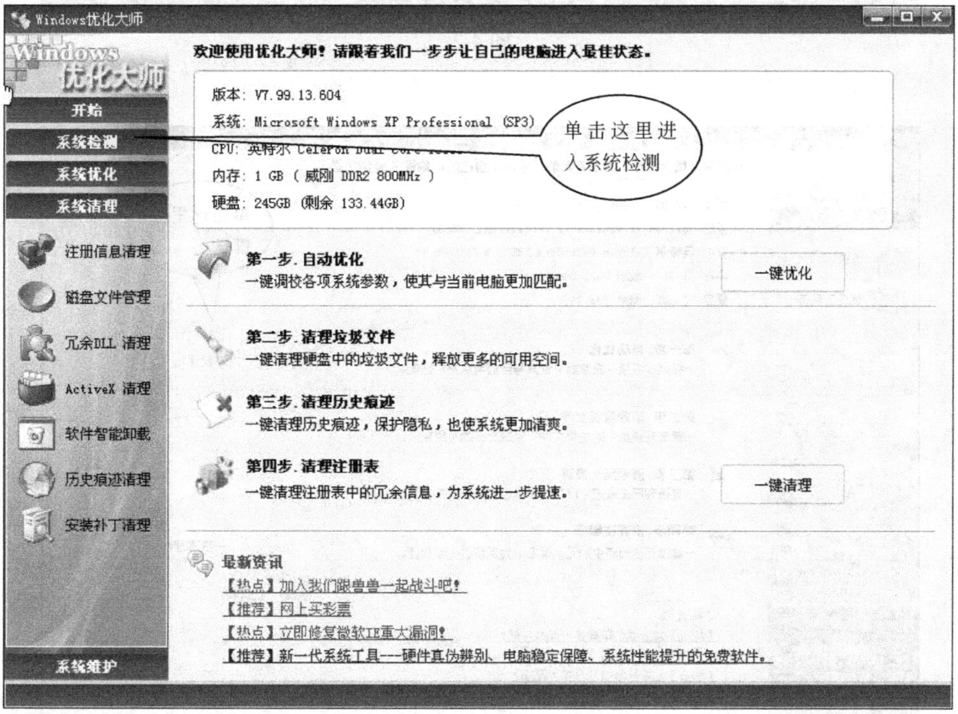

图 4-1

（2）步骤 2：进入系统信息界面，如图 4-2 所示。

【例 4-2】一键系统优化。

全面的系统优化选项。磁盘缓存、桌面菜单、文件系统、网络、开机速度、系统安全、后台服务等能够优化的方方面面全面提供。并向用户提供简便的自动优化向导，能够根据检测分析到的用户电脑软、硬件配置信息进行自动优化，如图 4-3 所示。

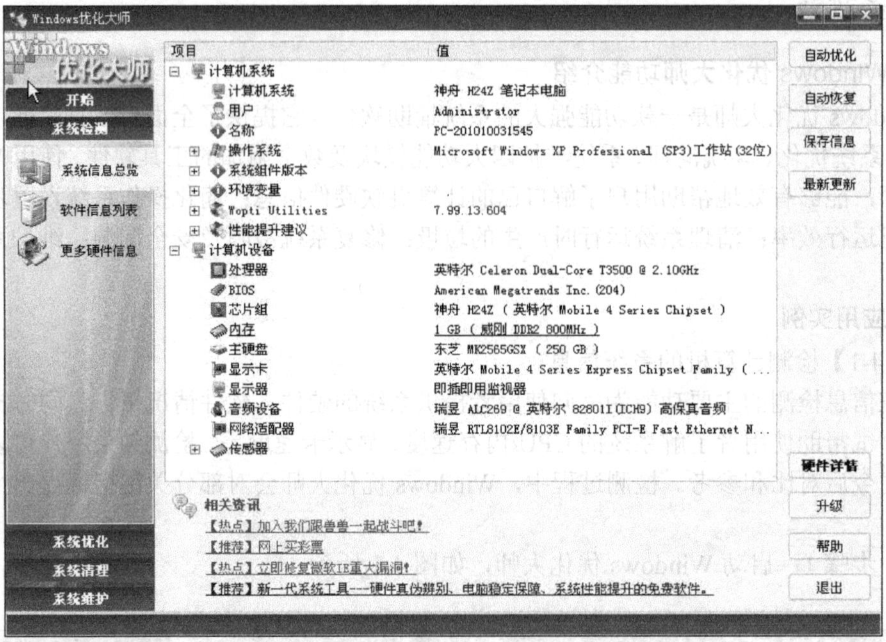

图 4-2

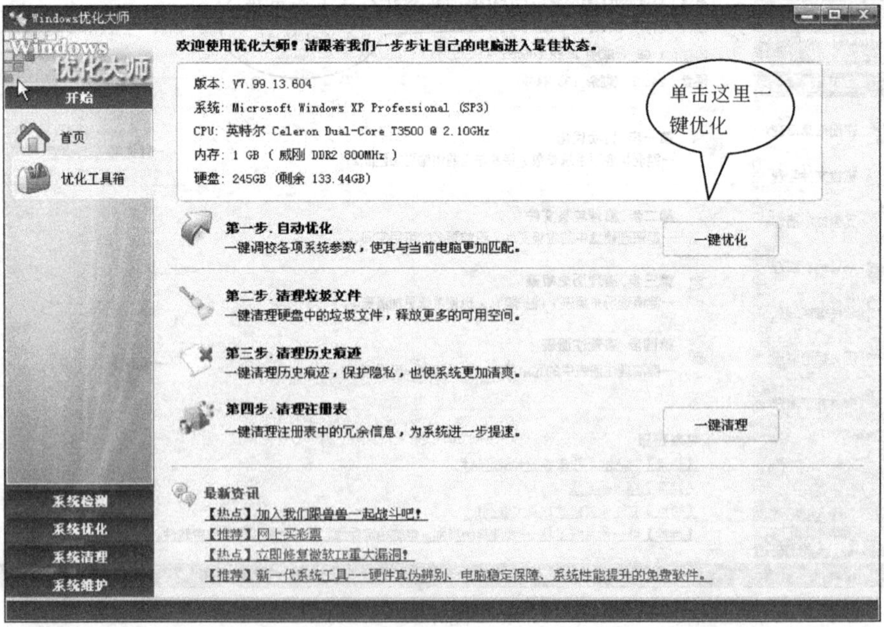

图 4-3

【例 4-3】一键清理。

一键清理具有强大的清理功能。

（1）注册信息清理：快速安全扫描、分析和清理注册表。

（2）磁盘文件管理：快速安全扫描、分析和清理选中硬盘分区或文件夹中的无用文件；统计选中分区或文件夹空间占用；重复文件分析；重启删除顽固文件。

（3）冗余 DLL 清理：快速分析硬盘中冗余动态链接库文件，并在备份后予以清除。

（4）ActiveX 清理：快速分析系统中冗余的 ActiveX/COM 组件，并在备份后予以清除。

（5）软件智能卸载：自动分析指定软件在硬盘中关联的文件以及在注册表中登记的相关信息，并在备份后予以清除。

（6）历史痕迹清理：快速安全扫描、分析和清理历史痕迹，保护您的隐私。

（7）备份恢复管理：所有被清理删除的项目均可从 Windows 优化大师自带的备份与恢复管理器中进行恢复。具体操作如图 4-4 所示。

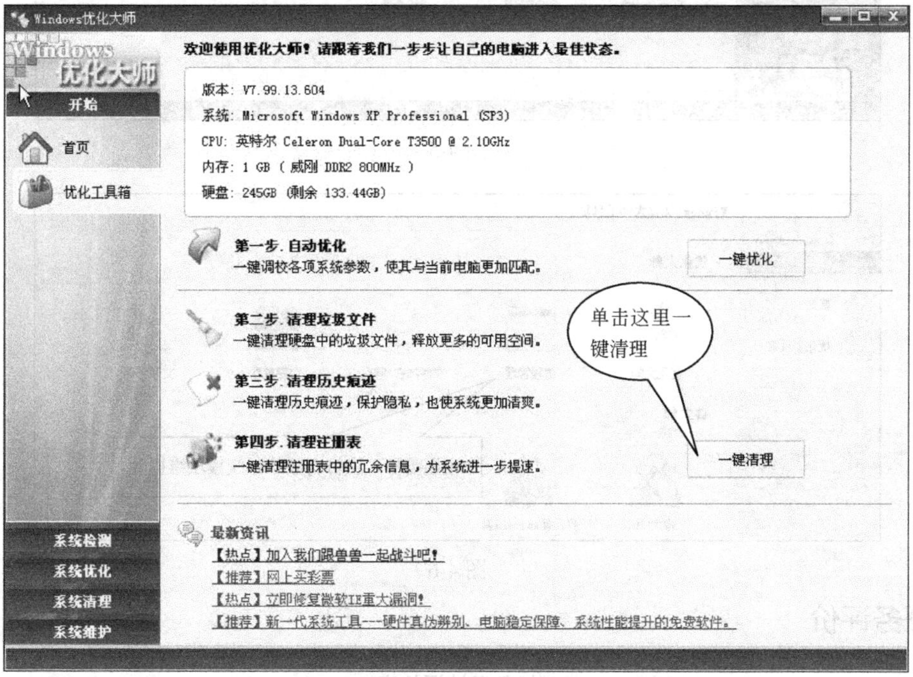

图 4-4

【例 4-4】实行有效的系统模块维护。

（1）驱动智能备份：让您免受重装系统时寻找驱动程序之苦。

（2）系统磁盘医生：检测和修复非正常关机、硬盘坏道等磁盘问题。

（3）磁盘碎片整理：分析磁盘上的文件碎片，并进行整理。

（4）Wopti 内存整理：轻松释放内存。释放过程中 CPU 占用率低，并且可以随时中断整理进程，让应用程序有更多的内存可以使用。

（5）Wopti 进程管理大师：功能强大的进程管理工具。

（6）Wopti 文件粉碎机：帮助用户彻底删除文件。

（7）Wopti 文件加密：文件加密与解密工具。

具体操作见如图 4-5 及图 4-6 所示。

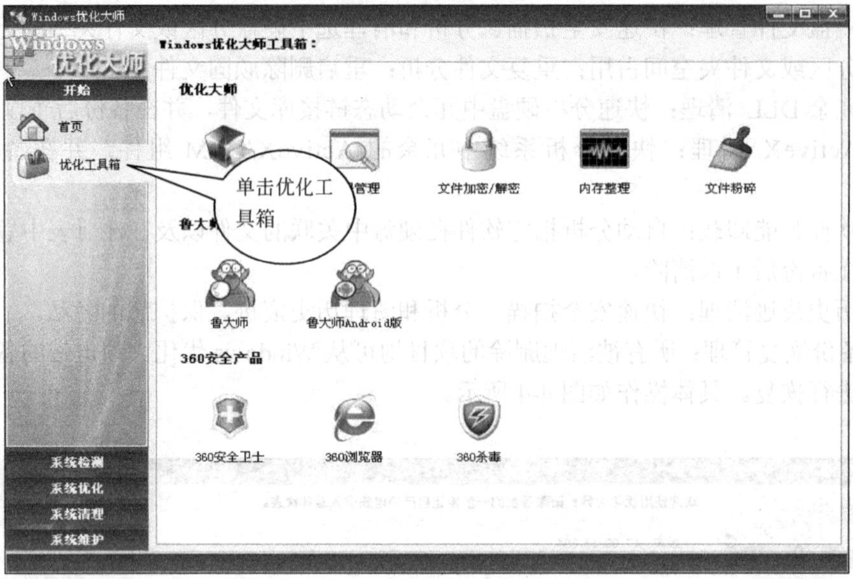

图 4-5

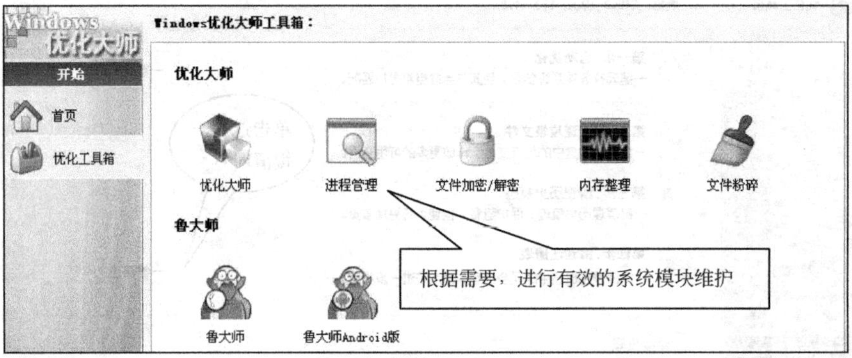

图 4-6

任务评价

任务考核评价表

任务名称　Windows 优化大师的使用

班级：　　姓名：　　学号：						
评价项目	评价标准	评价依据（上交作业）	评价方式		得分	备注
			小组	老师		
职业素质	1．遵守课堂纪律 2．按时完成任务 3．学习主动积极	课堂表现				
专业能力	能运用 Windows 优化大师进行系统信息检测、一键优化、一键清理及系统模块维护	Windows 优化大师的真正应用				
方法能力	能够真正应用于生产生活中	对电脑进行优化				
指导教师综合评价	指导教师签名：　　日期：					

任务改进与拓展

1. 任务改进

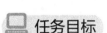

任务比较分散，另外计算机房装有保护卡，优化后无法体现出来，希望学生回家后将自己家的电脑进行优化处理，加深印象。

2. 任务拓展

应用文件加密功能对文件进行加密，用文件粉碎功能删除普通方法不能删除的文件。使用鲁大师对电脑进行如 CPU 温度等的检测。

任务 2　超级兔子的使用

任务目标

掌握超级兔子的使用方法。

任务布置

（1）为你的电脑进行体检；

（2）为你的电脑进行系统清理；

（3）让流氓软件远离你的电脑。

任务实施

1. 超级兔功能介绍

超级兔子是一个完整的系统维护工具，可能清理你大多数的文件、注册表里面的垃圾，同时还有强力的软件卸载功能，专业的卸载可以清理一个软件在电脑内的所有记录。可以优化、设置系统大多数的选项，打造一个属于自己的 Windows。超级兔子上网精灵具有 IE 修复、IE 保护、恶意程序检测及清除功能，还能防止其他人浏览网站，阻挡色情网站，以及端口的过滤。超级兔子系统检测可以诊断一台电脑系统的 CPU、显卡、硬盘的速度，由此检测电脑的稳定性及速度，还有磁盘修复及键盘检测功能。

2. 应用实例

【例 4-5】为你的电脑进行体检。

启动超级兔子单击系统体检标签，再单击开始检测，如图 4-7 所示。

检测完后会将发现的问题显示出来，可对相应的项目操作。此界面还可对开机优化、魔法设置、注册表备份进行操作，如图 4-8 所示。

【例 4-6】为你的电脑进行系统清理。

系统清理包括清理痕迹、清理垃圾文件、清理注册表和清理 IE 插件，操作如图 4-9 所示。

超级兔子2011
超级兔子
系统体检
系统清理
系统防护
软件管理
硬件管理
选项设置
用户信息
注册新用户
用户名:
密码:
用户登录
系统体检
先单击这里
再单击这里开始检测
间为:
2014-04-21 15:21:26
开始检测
小贴士:每天首次系统体检都将增加5点经验值...

图 4-7

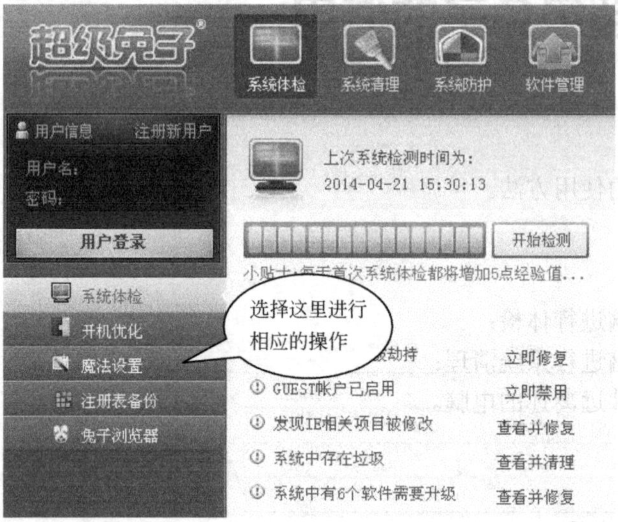
超级兔子
系统体检
系统清理
系统防护
软件管理
用户信息
注册新用户
用户名:
密码:
用户登录
上次系统检测时间为:
2014-04-21 15:30:13
开始检测
小贴士:每天首次系统体检都将增加5点经验值...
系统体检
开机优化
魔法设置
注册表备份
兔子浏览器
选择这里进行相应的操作
被劫持
立即修复
GUEST帐户已启用
立即禁用
发现IE相关项目被修改
查看并修复
系统中存在垃圾
查看并清理
系统中有6个软件需要升级
查看并修复

图 4-8

超级兔子2011
超级兔子
系统体检
系统清理
系统防护
软件管理
硬件管理
选项设置
用户信息
注册新用户
用户名:
密码:
用户登录
清理痕迹
清理垃圾文件
清理注册表
清理IE插件
先单击这里
清理系统使用痕迹
清理软件使用痕迹
再选择这里进行相应的操作
推荐
全选
开始扫描

图 4-9

【例 4-7】让流氓软件远离你的电脑。

既然被冠以“流氓”二字，想来不是什么好东西，这里所说的“流氓软件”，主要是指安装时没有任何提示，或者虽然有所提示但仍然强行安装。安装后极难卸载干净。虽然这些软件的功能并非一无是处，但未经允许就擅自闯入电脑实在让人无法接受。处理这类软件时也要讲究方法，如果一怒之下就选择重装系统，那可是赔了夫人又折兵。如何让流氓软件远离你的电脑呢？单击“系统防护”标签，再选择“恶意软件清理”，单击“开始扫描”，扫描完后，选择要删除的软件后按立即修复即可，如图 4-10 所示。

图 4-10

任务评价

任务考核评价表

任务名称　超级兔子的使用

班级：　　　姓名：　　　学号：						
评价项目	评价标准	评价依据（上交作业）	评价方式		得分	备注
			小组	老师		
职业素质	1. 遵守课堂纪律 2. 按时完成任务 3. 学习主动积极	课堂表现				
专业能力	能运用超级兔子进行系统体检、系统清理、进行系统防护设置	超级兔子的真正应用				
方法能力	能够真正应用于生产生活中	对电脑进行系统维护				
指导教师综合评价	指导教师签名：　　　　　　日期：					

任务改进与拓展

1. 任务改进

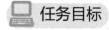

任务项目比较多，另外计算机房装有保护卡，有些功能无法体现出来，希望学生回家后将自己家的电脑用超级兔子进行处理，切实能应用在日常生活中。

2. 任务拓展

运用超级兔子进行硬件管理，如进行硬件测试、进行硬件状态监视、进行驱动升级、驱动备份等，如图 4-11 所示。

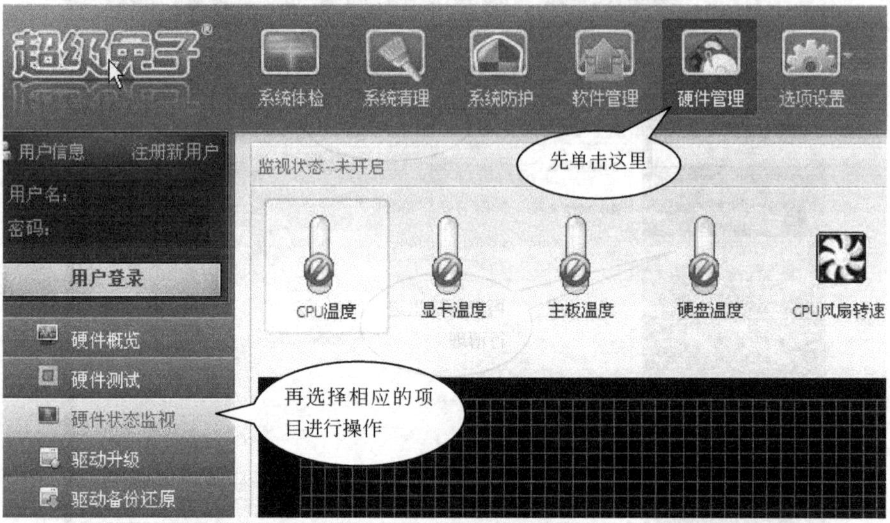

图 4-11

任务 3　一键还原工具的使用

任务目标

一键还原精灵工具的使用。

任务布置

（1）安装一键还原精灵软件（专业版）;

（2）如何备份系统;

（3）如何还原系统。

任务实施

1. 一键还原精灵功能特色介绍

（1）采用 GHOST 为内核，备份还原系统快捷稳定。

（2）实现一键化操作，并可灵活选择热键。

（3）不修改硬盘分区表，安装卸载倍加放心。

（4）自动选择备份分区，无需担心空间是否够用。

（5）智能保护备份镜像文件，防止误删及病毒入侵。

（6）独立运行 DOS 系统下，绝不占用系统资源。

（7）完美支持多个分区备份还原及设置永久还原点。

（8）可设置二级密码保护，确保软件使用安全。

2. 应用实例

【例 4-8】安装一键还原精灵软件（专业版）。

（1）安装/升级方法介绍。

注意：安装一键还原精灵专业版需满足以下条件：① 操作系统为 WIN 2000/XP/2003/Server/NT（不支持 WIN95/98/ME 及 VISTA 系统，另外版本支持这些系统）。② 硬盘上必须有两个以上分区。双击 setup.exe 后出现如图 4-12 所示的界面，按提示安装即可。

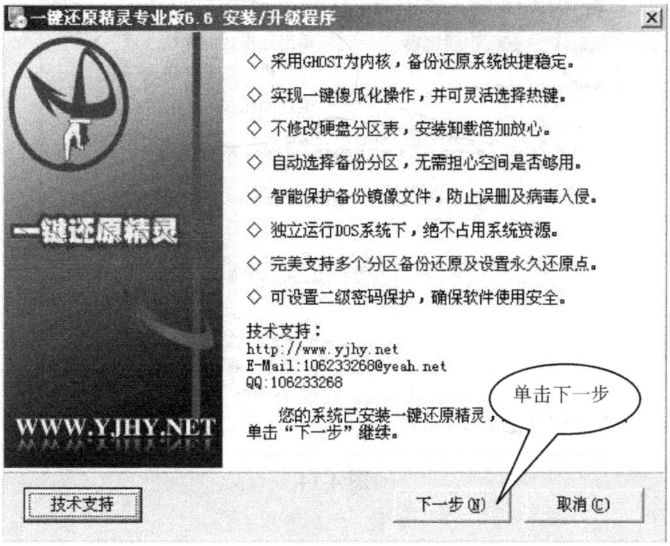

图 4-12

（2）卸载方法介绍。在程序栏中的一键还原精灵快捷方式中选择“卸载一键还原精灵”选项即可完成卸载（如果设置了管理员密码则需输入管理员密码方可卸载）。另外：如果已经备份了系统，卸载时会出现提示是否保存备份文件的提示，若选择否则备份文件保留在提示的分区根目录下。当重新安装一键还原精灵时，它会自动把备份文件放回备份分区中，十分智能化。

【例 4-9】为你的电脑进行备份。

双击桌面的“一键还原精灵”快捷方式出现如下界面，然后单击“备份系统”按钮，电脑将重启自动备份系统：如图 4-13 所示。

【例 4-10】电脑如何还原系统？

双击桌面的“一键还原精灵”快捷方式出现如下界面，然后单击“还原系统”按钮，电脑将重启自动还原系统：如图 4-14 所示。

注意：无论是备份系统还是还原系统都是全自动的。

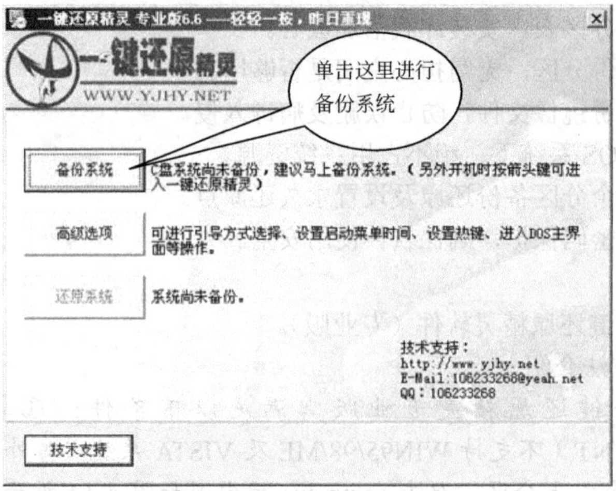

图 4-13

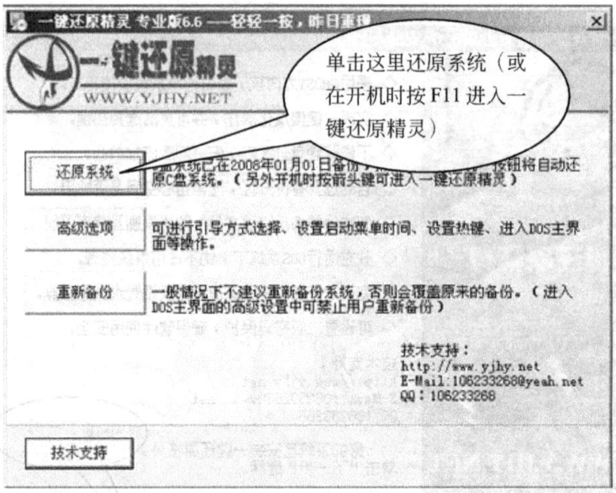

图 4-14

任务评价

任务考核评价表

任务名称　一键还原工具的使用

班级：	姓名：	学号：				
评价项目	评价标准	评价依据（上交作业）	评价方式		得分	备注
			小组	老师		
职业素质	1．遵守课堂纪律 2．按时完成任务 3．学习主动积极	课堂表现				
专业能力	能用一键还原精灵对系统进行系统备份和还原	能备份能还原				
方法能力	能够真正应用于生产生活中	对电脑进行系统维护				
指导教师综合评价	指导教师签名：	日期：				

任务改进与拓展

1. 任务改进

计算机房装有保护卡，有些功能无法操作，希望学生回家后将自己家的电脑用一键还原精灵进行备份和还原，切实能应用在日常生活中。

2. 任务拓展

一键还原精灵的高级应用。

双击桌面的“一键还原精灵”快捷方式，进入高级选项出现如图 4-15 界面，您可以在高级选项中更改引导方式、进入 DOS 主界面设置密码、改为 PQDI 内核等操作，每一步都有详细说明，简单明了。

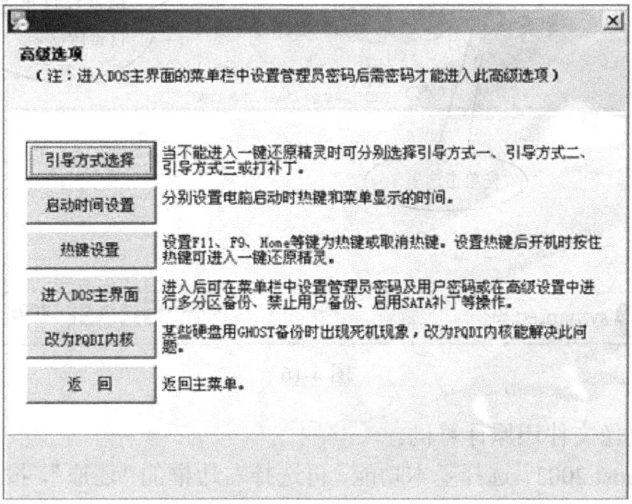

图 4-15

任务 4　数据备份与还原

任务目标

Norton Ghost 2003 工具的使用。

任务布置

（1）创建备份映像文件；

（2）从映像文件还原计算机；

（3）克隆硬盘或分区。

任务实施

1. Norton Ghost 2003 介绍

Norton Ghost 2003 是一个软件，诺顿克隆精英，用它将系统盘（C:）进行备份分区，并作一个映像文件，储存到其他分区，以便在系统再次出现问题时，直接执行还原，如果不能启动 Windows，则使用 Ghost.exe 还原硬盘或分区。

2. **应用实例**

【例 4-11】创建备份映像文件。

启动 Norton Ghost 2003，选择基本功能，再选择右边框的“备份”，按备份向导操作即可。见图 4-16。

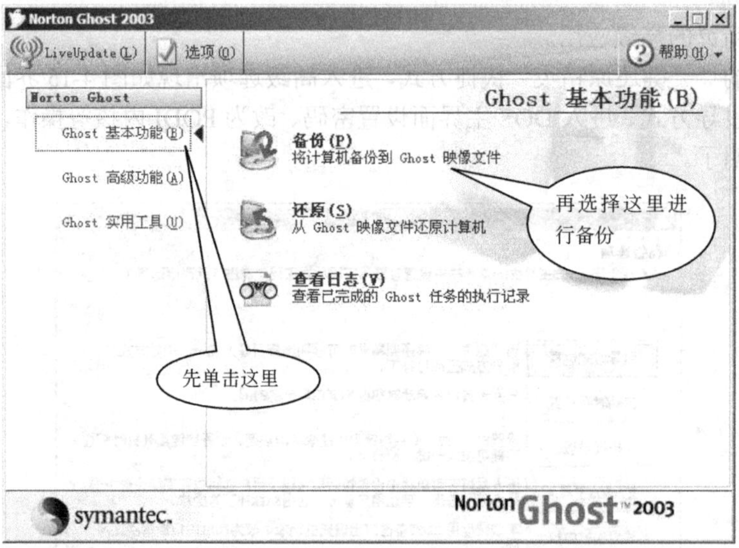

图 4-16

【例 4-12】从映像文件还原计算机。

启动 Norton Ghost 2003，选择基本功能，再选择右边框的“还原”，按还原向导操作即可。见图 4-17。注意：必须先备份才能还原。

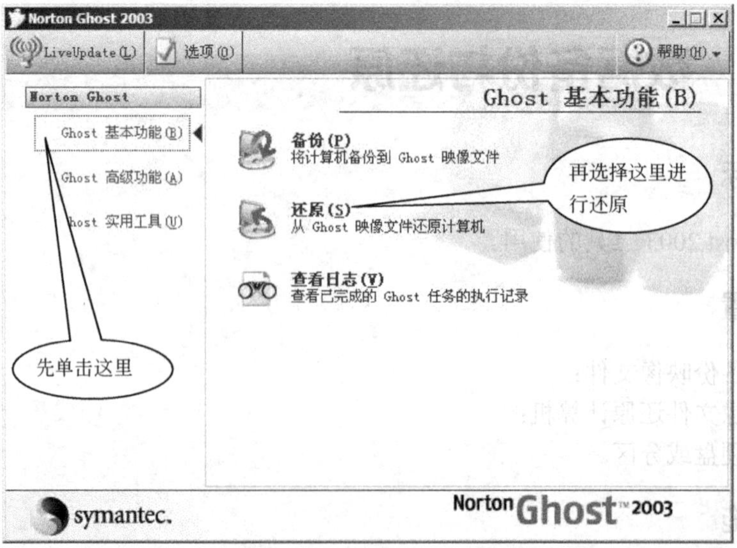

图 4-17

【例 4-13】克隆硬盘或分区。

启动 Norton Ghost 2003，选择高级功能，再选择右边框的“克隆”，按克隆向导操作即可。见图 4-18。

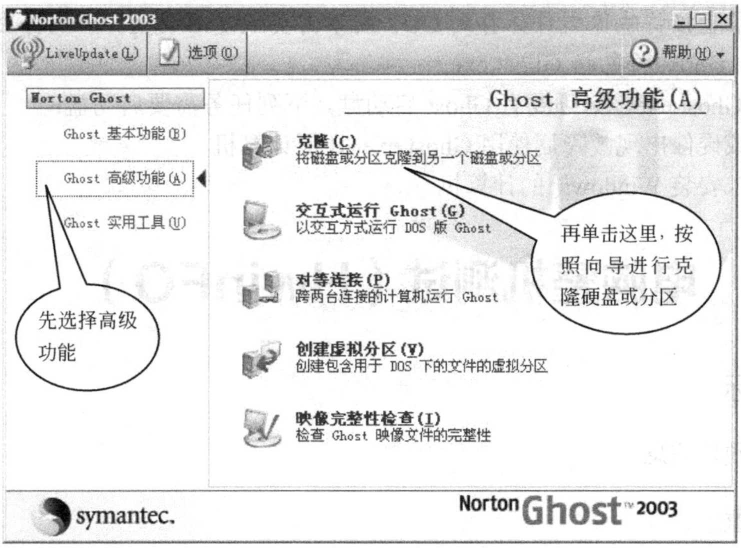

图 4-18

任务评价

任务考核评价表

任务名称　数据备份与还原

班级：　　姓名：　　学号：

评价项目	评价标准	评价依据（上交作业）	评价方式		得分	备注
			小组	老师		
职业素质	1. 遵守课堂纪律 2. 按时完成任务 3. 学习主动积极	课堂表现				
专业能力	能用 Norton Ghost 2003 统进行系统备份、还原和克隆	能备份能还原能克隆				
方法能力	能够真正应用于生产生活中	对电脑进行系统维护				
指导教师综合评价	指导教师签名：　　日期：					

任务改进与拓展

1. 任务改进

计算机房装有保护卡，有些功能无法操作，希望学生回家后将自己家的电脑用 Norton Ghost 2003 进行备份和还原，切实能应用在日常生活中。

2. 任务拓展

何时创建 Ghost 启动盘。

如果从 Windows 启动并运行 Norton Ghost，恢复启动盘是唯一需要的启动盘。如果正在 Windows 中运行 Norton Ghost，则已提供了执行备份、还原或克隆所需的系统文件和驱动程序。

注意：如果直接将映像文件保存到 CD，则不需要恢复启动盘。如果将映像文件保存到 CD，则 Norton Ghost 将包括 Ghost.exe。

若要使用 Ghost.exe，必须要有 Ghost 启动盘。下列任务需要启动盘：

（1）软件或硬件出现故障后使用 Ghost.exe 还原计算机

（2）克隆未安装 Windows 的计算机

任务 5　电脑整机测试（HwinFO）

任务目标

测试电脑硬件信息。

任务布置

测试电脑硬件信息。

任务实施

1. 电脑整机测试（HwinFO）介绍

电脑整机测试（HwinFO）是测试所有电脑硬件信息的软件。HWiNFO32 形体虽小但却是功能超强的系统硬件检测、分析软件，能显示出处理器、主板芯片组、PCMCIA 接口、BIOS 版本、内存等信息。

2. 应用实例

（1）安装软件：单击安装程序，按照安装向导完成程序的安装，如图 4-19 所示。

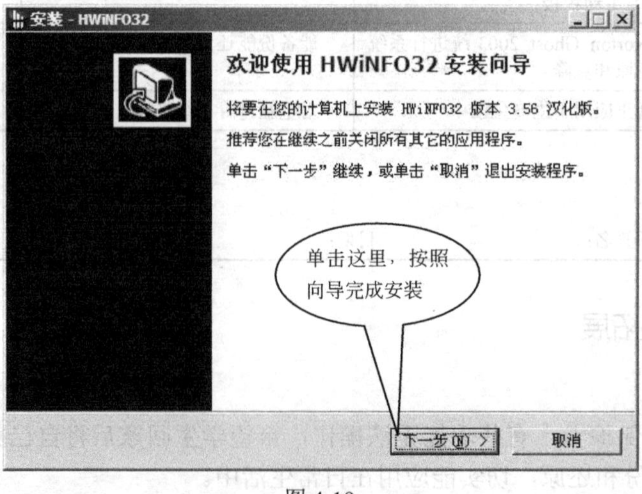

图 4-19

（2）运行程序：选择“运行”，如图 4-20 所示。

图 4-20

（3）测试完成后会显示系统概要信息如图 4-21 所示。

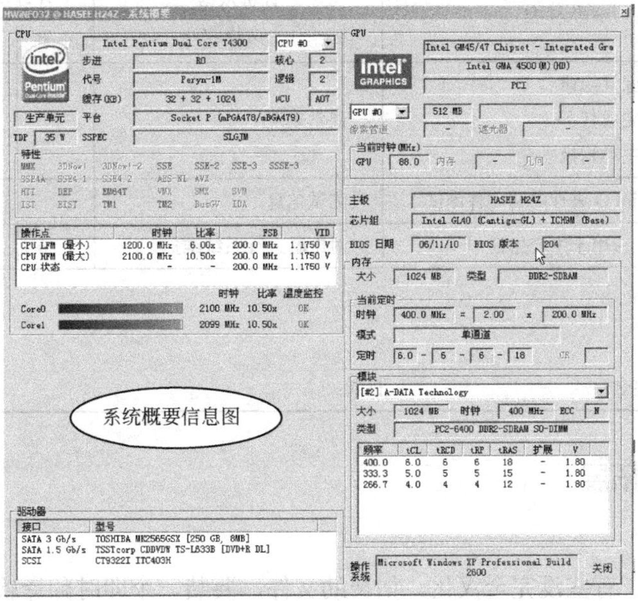

图 4-21

（4）根据自己的需要查看其他详细的信息，如图 4-22 所示。

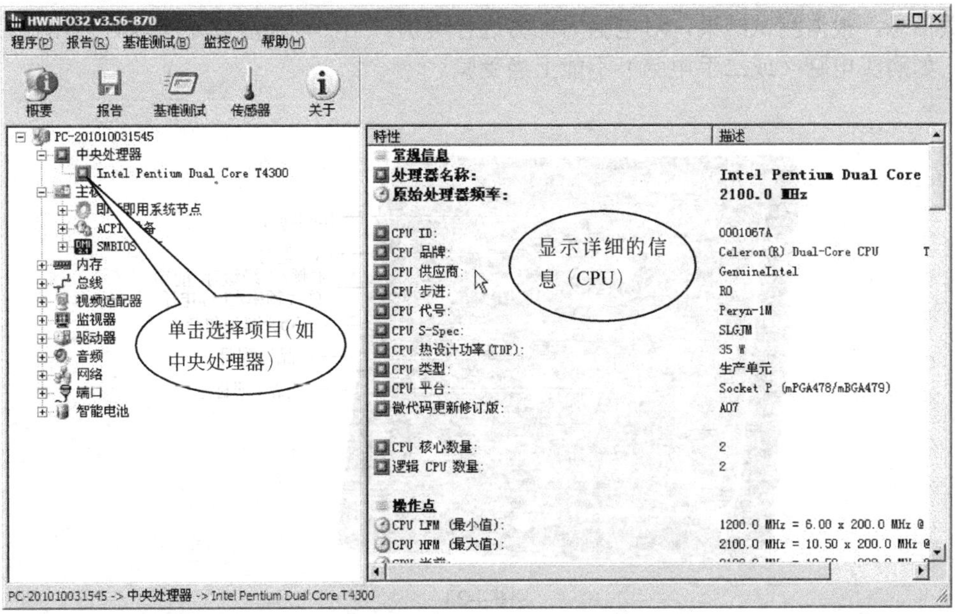

图 4-22

任务评价

任务考核评价表

任务名称　电脑整机测试（HwinFO）

班级：　　　　姓名：　　　　学号：

评价项目	评价标准	评价依据（上交作业）	评价方式		得分	备注
			小组	老师		
职业素质	1．遵守课堂纪律 2．按时完成任务 3．学习主动积极	课堂表现				
专业能力	能用 HwinFO 进行电脑硬件测试	测试信息				
方法能力	能够真正应用于生产生活中	对电脑进行系统维护				
指导教师综合评价	指导教师签名：　　　　日期：					

任务改进与拓展

1．任务改进

软件为汉化版，有些没完全汉化，如帮助文件，要装一个即时翻译软件。

2．任务拓展

一些硬件信息（图 4-23）学生可能不了解，教师要扩宽学生知识面，如向学生介绍 CPU 类型、主板芯片组（见图 4-24），内存类别，硬盘信息等。必要时让学生上网查询电脑硬件的相关信息，根据测试结果，对电脑的优劣进行辨别。当然，更要将这个软件应用在日常生活中，如购买电脑（或二手电脑）不能上当受骗。

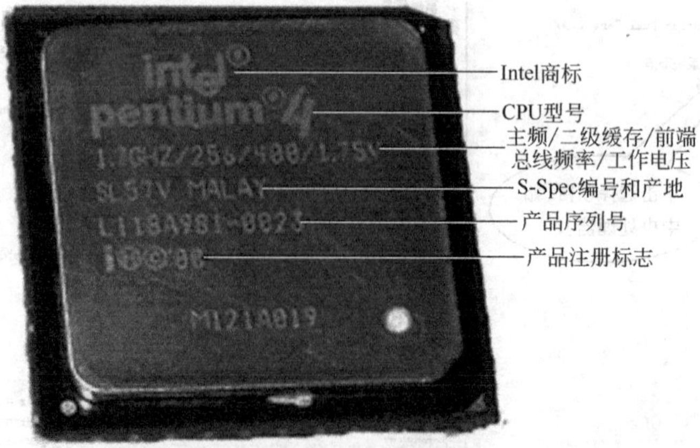

图 4-23

主板的结构图

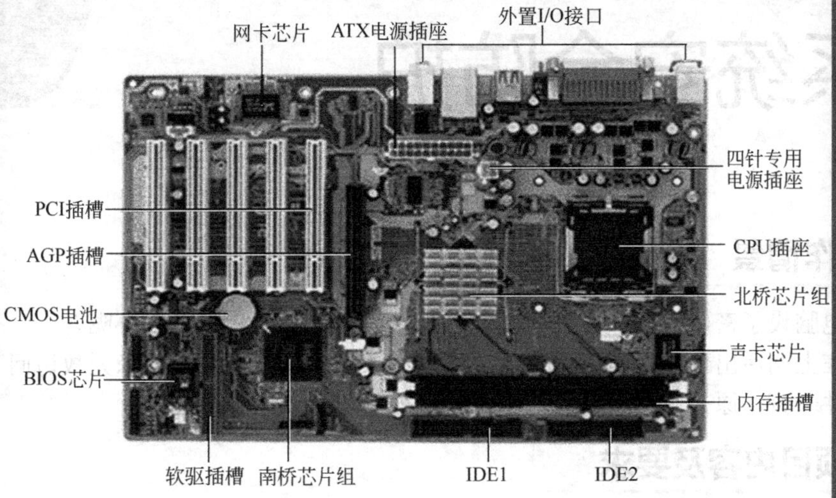
网卡芯片
ATX电源插座
外置I/O接口
四针专用
电源插座
PCI插槽
AGP插槽
CPU插座
北桥芯片组
CMOS电池
声卡芯片
BIOS芯片
内存插槽
软驱插槽
南桥芯片组
IDE1
IDE2

图 4-24

项目五

系统安全防护

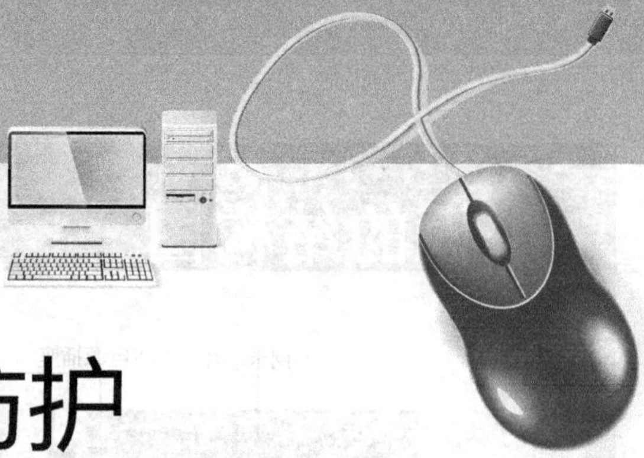

工作情景

我的电脑设了密码，好久没开电脑居然把密码忘记了，我该怎么办呢？

电脑在上网后出现运行速度明显比原来变慢了，浏览器也经常无缘无故访问某个网站。用杀毒软件一查，原来电脑中毒了，平时我该如何防毒和保护电脑呢？

项目内容及要求

1．账号设置与破解。

2．病毒查杀与防护。

3．天网防火墙。

任务1　账号设置与破解

任务目标

（1）WindowsXP 操作系统用户账号及密码设置；

（2）WindowsXP 操作系统用户密码破解。

任务布置

（1）设置 WindowsXP 操作系统用户账号及密码；

（2）破解 WindowsXP 操作系统用户密码。

任务实施

1．WindowsXP 操作系统用户账号及密码设置

（1）步骤 1：打开 WindowsXP 中的“控制面板”，如图 5-1 所示。

（2）步骤 2：打开“用户账号”。如果要创建一个新账号，请选择第二项，本例中我们以默认的计算机管理员 Administrator 为例，进行更改账号。如图 5-2 所示。

（3）步骤 3：打开 Administrator 计算机管理员账号，在相应的对话框中输入密码。如图 5-3 所示。

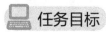

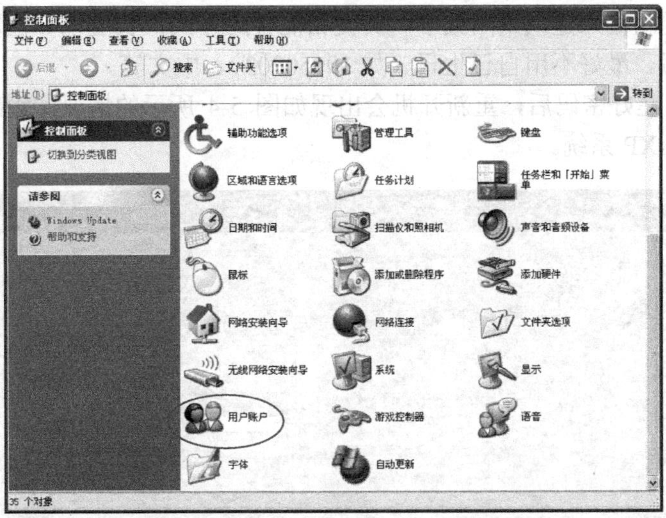
控制面板
文件(F) 编辑(E) 查看(V) 收藏(A) 工具(T) 帮助(H)
后退
搜索
文件夹
地址(D) 控制面板
转到
控制面板
切换到分类视图
请参阅
Windows Update
帮助和支持
辅助功能选项
管理工具
键盘
区域和语言选项
任务计划
任务栏和「开始」菜单
日期和时间
扫描仪和照相机
声音和音频设备
鼠标
添加或删除程序
添加硬件
网络安装向导
网络连接
文件夹选项
无线网络安装向导
系统
显示
用户账户
游戏控制器
语音
字体
自动更新
35 个对象

图 5-1

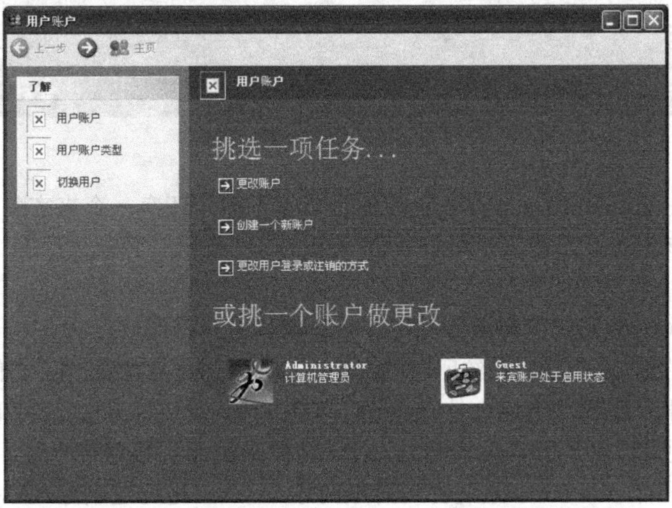
用户账户
上一步
主页
了解
用户账户
用户账户类型
切换用户
用户账户
挑选一项任务…
更改账户
创建一个新账户
更改用户登录或注销的方式
或挑一个账户做更改
Administrator
计算机管理员
Guest
来宾账户处于启用状态

图 5-2

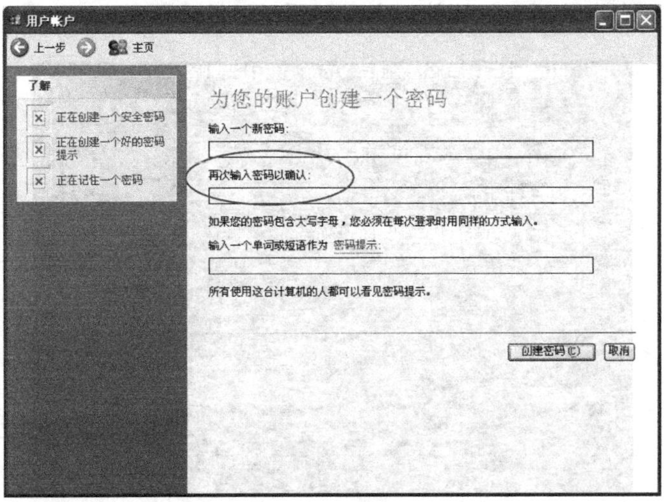
用户帐户
上一步
主页
了解
正在创建一个安全密码
正在创建一个好的密码提示
正在记住一个密码
为您的账户创建一个密码
输入一个新密码:
再次输入密码以确认:
如果您的密码包含大写字母，您必须在每次登录时用同样的方式输入。
输入一个单词或短语作为 密码提示:
所有使用这台计算机的人都可以看见密码提示。
创建密码(C)
取消

图 5-3

温馨提示：密码输入建议采用数字、英文相混合的方式，长度以6位以上为好，而且输入字符区分大小写。最好不用自己生日（如19950203）、中文等。

（4）步骤4：建好密码后，重新开机会出现如图5-4所示的情况，输出自己设置的密码方可进入WindowsXP系统。

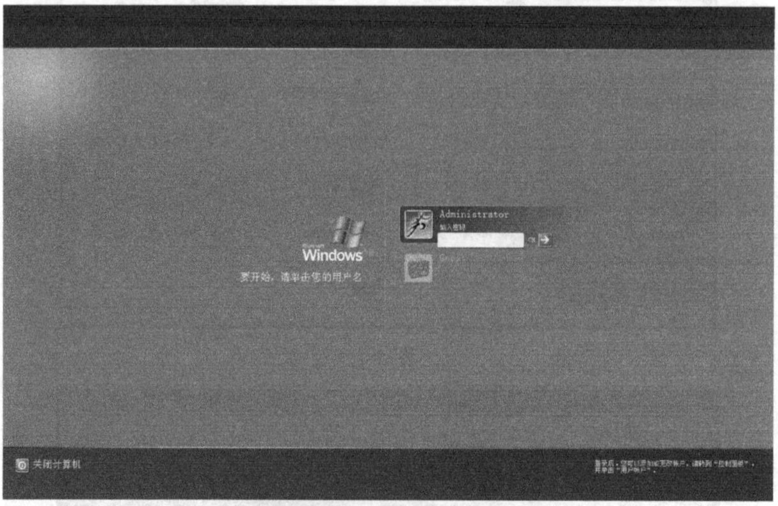

图5-4

温馨提示：在Administrator计算机管理员账号下面，还有一个来宾账号Guest，大家可以试一下，单击该账号无需密码也可进入WindowsXP系统。建议大家在“控制面板”中将该账号禁用。

2. 利用Windows系统密码清除向导V.3.0破解用户密码

WindowsXP的密码存放在系统所在的WINDOWS\system32\config文件夹下SAM文件中，SAM文件即账号密码数据库文件。当我们登录系统时，系统会自动地和config中的SAM自动校对，如发现此次密码和用户名全与SAM文件中的加密数据符合时，你就会顺利登陆；如果错误则无法登陆。Windows系统密码清除向导V.3.0正是通过删除SAM文件来达到清除密码之目的。此类软件很多，从网上下载后刻录成光盘，光盘启动后运行该程序。

（1）步骤1：光盘启动后运行软件，出现如图5-5所示界面。

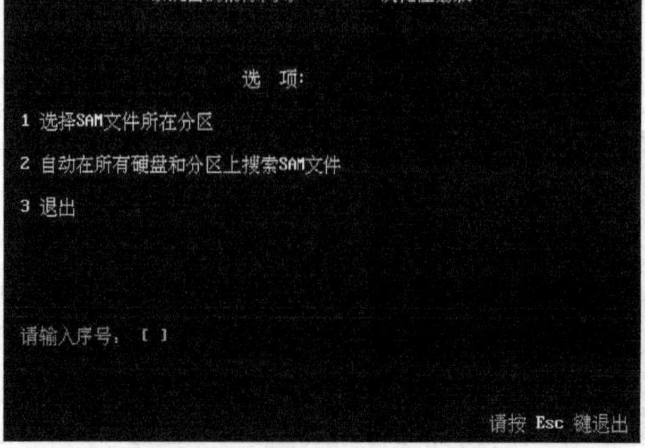

图5-5

（2）步骤 2：选择 SAM 文件所在的分区，如选 1 或 2 都可，则出现如图 5-6 所示的界面。

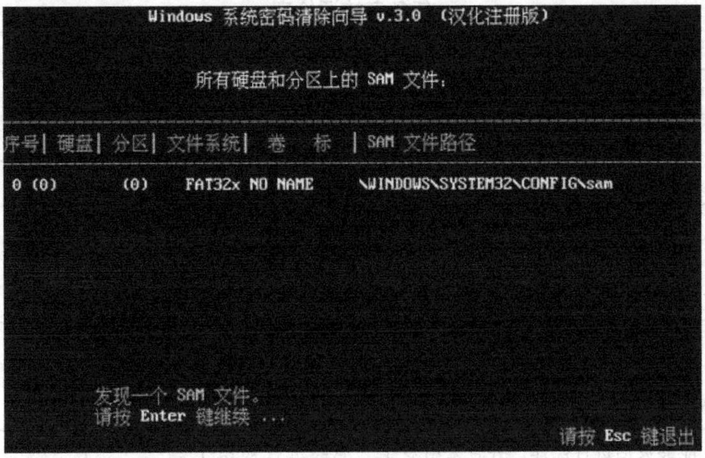

图 5-6

（3）步骤 3：直接按 Enter 键，则出现如图 5-7 所示的界面。

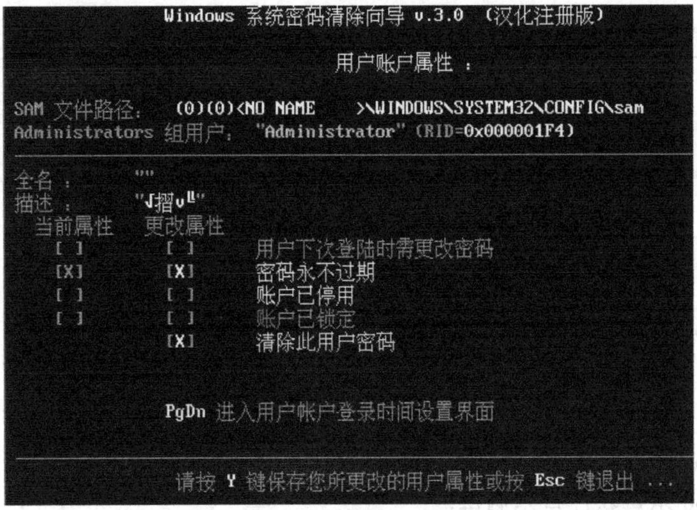

图 5-7

（4）步骤 4：选择更改内容，按 Y 键保存，重新启动即可直接进入 Windows 操作系统。

任务改进与拓展

借助网络进行如下探究：

（1）如何对 CMOS 进行口令设置。

（2）是否有其他方式破解 WindowsXP 账号密码。

任务评价

任务考核评价表

任务名称　账号设置与破解

班级：　　　　　姓名：　　　　　学号：

评价项目	评价标准	评价依据	评价方式		得分	备注
			小组	老师		
职业素质	1. 遵守课堂纪律 2. 按时完成任务 3. 学习主动积极	课堂表现				
专业能力	1. 能对 WindowsXP 设置账号及密码 2. 能用软件对操作系统账号密码进行破解	能够按要求进行相关操作				
方法能力	1. 能够灵活进行操作，并且采用多种方法进行操作 2. 能够借助网络进行任务拓展	能够进行知识迁移				
指导教师综合评价	指导教师签名：　　　　　日期：					

任务 2　病毒查杀与防护

任务目标

能够利用 360 杀毒软件查杀计算机病毒。

任务布置

（1）下载 360 杀毒软件并安装；
（2）利用 360 杀毒软件查杀病毒；
（3）利用 360 软件进行系统优化。

任务实施

1. 下载 360 杀毒软件并安装

（1）登录 360 杀毒软件官网：http://www.360.cn/，如图 5-8 所示。

（2）下载 360 杀毒软件，并安装好。

2. 利用 360 杀毒软件查杀病毒

（1）步骤 1：运行 360 杀毒软件，如图 5-9 所示。

（2）步骤 2：可选择三种扫描方式，我们选择“快速扫描”如图 5-10 所示。

图 5-8

图 5-9

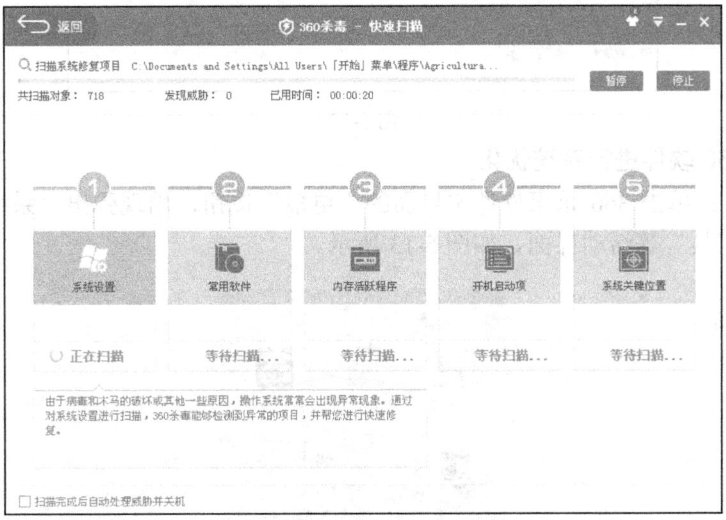

图 5-10

杀毒软件会分五个部分分别扫描你的电脑并进行相应的处理，如图 5-11 所示。

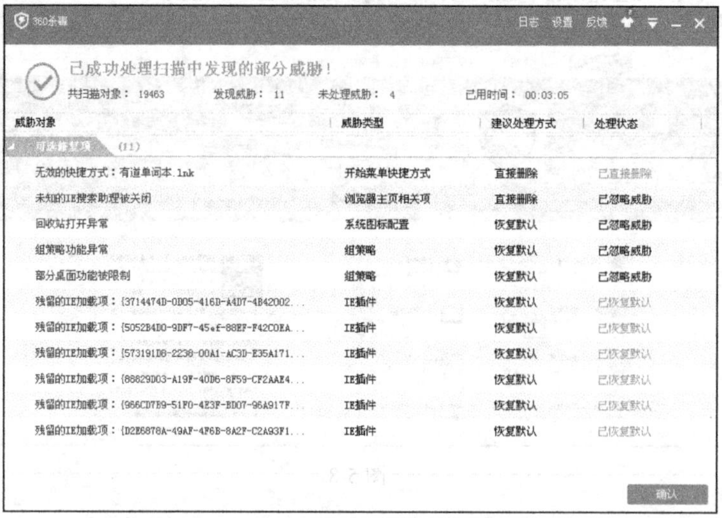

图 5-11

如果选择“自定义扫描”，则可以选择“桌面”、“我的文档”、“office 文档”、“光盘”、“手机病毒”等进行扫描杀毒。如图 5-12 所示。

图 5-12

3. 利用 360 软件进行系统优化

（1）步骤 1：单击 360 杀毒软件主界面的“更多”按钮，出现弹出“系统安全”、“系统优化”、“其他工具”等活动界面，如图 5-13 所示。

图 5-13

（2）步骤 2：单击“电脑清理”，会弹出如图 5-14 所示窗口。

图 5-14

单击“开始扫描”，然后进行清理，会清理很多电脑垃圾文件，省很多空间。

（3）步骤 3：单击图 5-13 中“系统优化”活动窗口中的“广告过滤”，则可对上网过程中经常弹出的广告进行过滤，如图 5-15 所示。

图 5-15

同样的，大家也可以分别试一下图 5-13 中的“流量监控”与“电脑门诊”，功能无比强大，相信对你的电脑会有很大帮助。

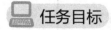

任务改进与拓展

1. 寻找“网上教师”

上网完成如下任务：

（1）探究什么是计算机病毒，有什么特性。

（2）了解计算机病毒是如何分类的，制作计算机病毒的动机主要有哪些。

（3）认识中毒的计算机会出现哪些现象。

（4）列举一些预防计算机病毒的方法。

2. 相关软件学习

卡巴斯基杀毒软件、瑞星杀毒软件、金山毒霸软件。

任务评价

任务考核评价表

任务名称　病毒查杀与防护

班级：	姓名：	学号：				
评价项目	评价标准	评价依据	评价方式		得分	备注
			小组	老师		
职业素质	1. 遵守课堂纪律 2. 按时完成任务 3. 学习主动积极	课堂表现				
专业能力	1. 能运用 360 杀毒软件进行计算机病毒的查、杀 2. 能利用 360 杀毒软件进行系统的维护等	按要求将操作完成后窗口抓下来，放在一个 word 文档中				
方法能力	能灵活安装、使用该软件基本功能，还能拓展使用类似杀病毒软件	操作过程，以及类似拓展软件的操作，拓展任务的完成情况				
指导教师综合评价	指导教师签名：　　　　日期：					

任务 3　天网防火墙的使用

任务目标

会使用天网防火墙进行网络防护。

任务布置

（1）应用程序规则设置：允许 IE 浏览器运行；

（2）IP 规则设置：防止别人用 ping 命令探测；

（3）系统设置：应用程序访问网络须经过允许。

任务实施

天网防火墙个人版是对个人用户较流行的中文软件防火墙，它可以帮你抵挡网络入侵和攻击，防止信息泄露，保障用户机器的网络安全。

其运行界面主要包括三部分，上面一排按钮为功能区，左下为安全级别设置区，右下为网络活动状态区域。如图 5-16 所示。

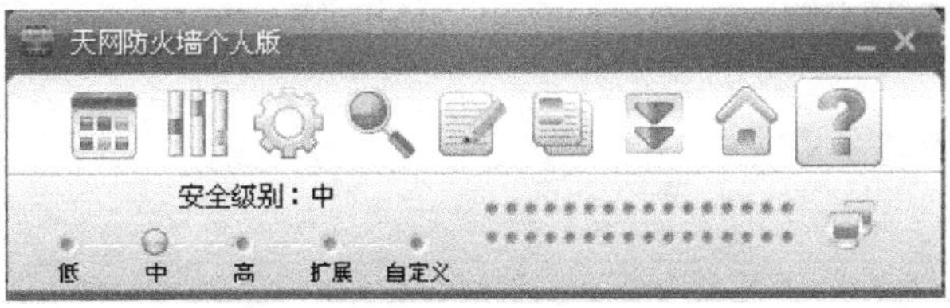

图 5-16

1. 应用程序规则设置：允许 IE 浏览器运行

运行 IE 浏览器，会弹出如图 5-17 警告信息对话框，只需勾选对话框下面的“该程序以后都按照这次的操作运行”，即可将 IE 浏览器这一应用程序加入到应用程序列表中，以后无需再进行类似的操作。这时，打开应用程序规则，可以看到应用程序访问网络权限设置列表中 IE 浏览器应用程序，如图 5-18 所示。

图 5-17

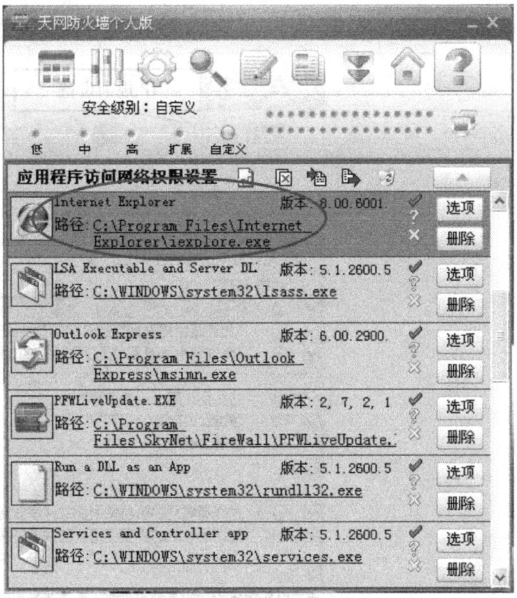

图 5-18

在图 5-18 中，IE 浏览器程序右边有三个选择，分别是“✓”、“？”、“ ×”。如果选择了“×”，再次打开 IE 浏览器，则会出现如图 5-19 窗口，表明 IE 浏览器已被禁用。

在“应用程序访问网络权限设置”右边还有五个按钮，分别为“增加规则”、“检查失效的程序路径”（刷新列表）、“导入规则”、“导出规则”、“清空所有规则”。可以单个增加规则，成批导入或导出规则等。

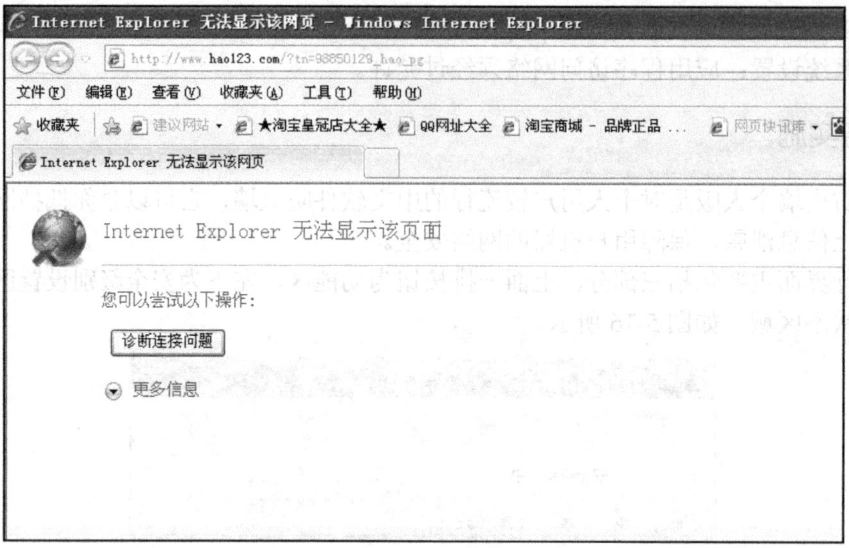

图 5-19

2. IP 规则设置：防止别人用 ping 命令探测

单击"IP 规则管理"按钮，会看到"防止别人用 ping 命令探测"选项，勾选该项即完成操作。如图 5-20 所示。

单击每条规则，窗口下面都会出现该规则相应的简单提示。

在图 5-20 中，你还可以试一试"允许局域网的机器使用我的共享资源-1 TCP"规则。先共享一个文件夹，看其他机器能否使用你的共享资源。

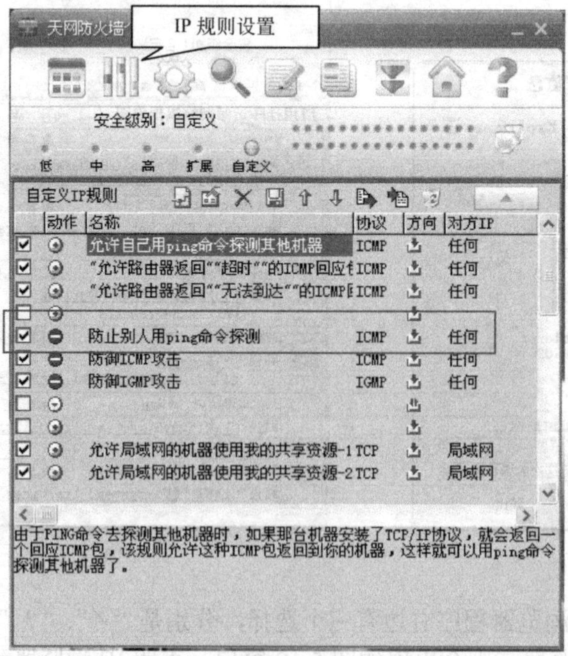

图 5-20

3. 系统设置：应用程序访问网络须经过允许

单击图 5-21 所示"系统设置"，选择"管理权限设置"选项卡，在"应用程序权限"中有“允许所有的应用程序访问网络，并在规则中记录这些程序”。不选中该项，在运行程序时会询问是否同意访问网络，如果同意，防火墙会加入应用程序规则里面。如果选中该项，则不会出现上述提示，建议不要勾选。

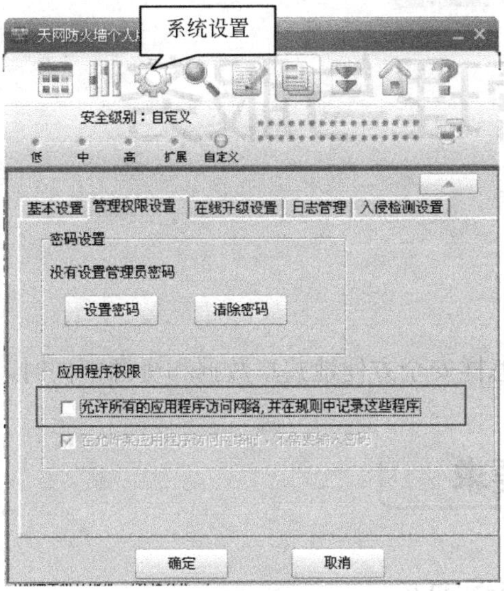

图 5-21

在图 5-21 的系统设置中，“基本设置”选项卡中设置“开机后自动启动防火墙”等。在“入侵检测设置”选项卡中可启动入侵检测功能。

任务改进与拓展

（1）如何识别非法进程，并在“网络使用状况”中停止该进程。

（2）上网学习防火墙的工作机理是什么，当前流行的个人防火墙还有哪些。

任务评价

任务考核评价表

任务名称　天网防火墙的使用

班级：　　　　　姓名：　　　　　学号：						
评价项目	评价标准	评价依据	评价方式		得分	备注
			小组	老师		
职业素质	1. 遵守课堂纪律 2. 按时完成任务 3. 学习主动积极 4. 团队合作精神	课堂表现				
专业能力	能运用天网防火墙进行基本操作	应用程序规则设置、IP 规则设置、系统设置结果				
方法能力	能灵活安装、使用该软件基本功能，还能拓展了解相关知识	操作过程，以及类似拓展软件的操作，拓展任务的完成情况				
指导教师综合评价	指导教师签名：　　　　　　　　　　日期：					

项目六

网络管理与服务

工作情景

在一个单位里，大家怎样安全方便地共享数据和资源？同时，我们又怎样进行一些简单的网络管理与防范呢？

项目内容及要求

（1）IIS 服务管理；

（2）安全漏洞扫描（X-Scan）；

（3）网路岗 9 代软件使用。

任务 1 IIS 服务管理的使用

任务目标

（1）利用 IIS 进行 FTP 服务设置；

（2）利用 IIS 进行 Web 服务设置。

任务布置

（1）在 Windows 中添加 IIS 组件；

（2）利用 IIS 进行 FTP 服务设置；

（3）利用 IIS 进行 Web 服务设置。

任务实施

1. 在 Windows 中添加 IIS 组件

（1）步骤 1：打开 WindowsXP 中的“控制面板”，如图 6-1 所示。

（2）步骤 2：打开“添加或删除程序”，单击“添加/删除 Windows 组件”，出现 Windows 组件对话框，勾选“Internet 信息服务（IIS）”项，并单击对话框右下角的“详细信息”按钮，如图 6-2 所示。

（3）步骤 3：同时勾选“万维网服务”及“文件传输协议（FTP）服务”，如图 6-3 所示。

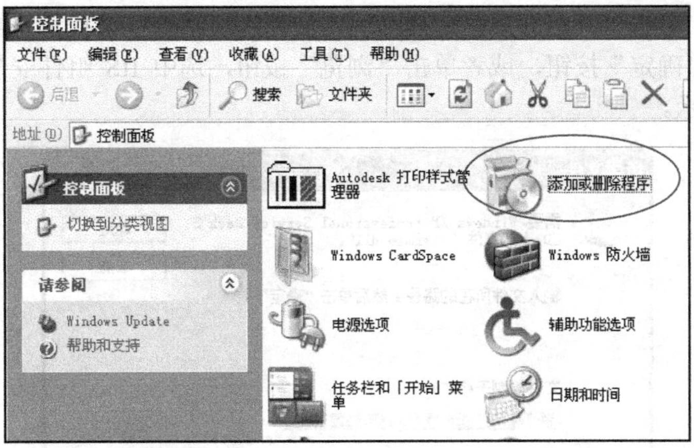
控制面板
文件(F)　编辑(E)　查看(V)　收藏(A)　工具(T)　帮助(H)
后退　搜索　文件夹
地址(D)　控制面板
控制面板
切换到分类视图
请参阅
Windows Update
帮助和支持
Autodesk 打印样式管理器
添加或删除程序
Windows CardSpace
Windows 防火墙
电源选项
辅助功能选项
任务栏和「开始」菜单
日期和时间

图 6-1

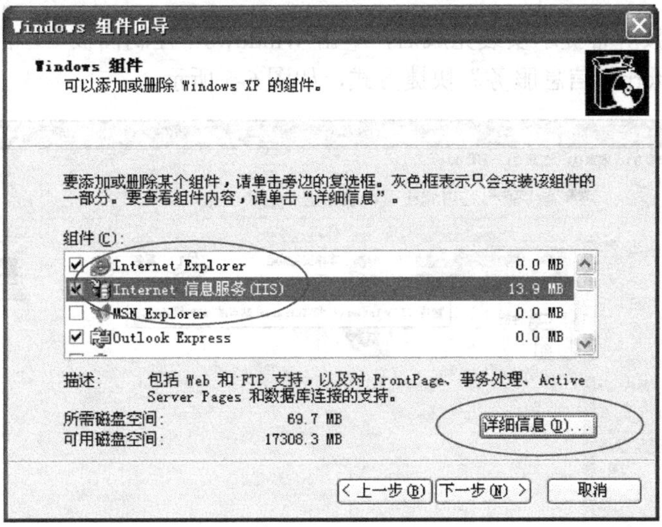
Windows 组件向导
Windows 组件
可以添加或删除 Windows XP 的组件。
要添加或删除某个组件，请单击旁边的复选框。灰色框表示只会安装该组件的一部分。要查看组件内容，请单击“详细信息”。
组件(C):
Internet Explorer　0.0 MB
Internet 信息服务(IIS)　13.9 MB
MSN Explorer　0.0 MB
Outlook Express　0.0 MB
描述:　包括 Web 和 FTP 支持，以及对 FrontPage、事务处理、Active Server Pages 和数据库连接的支持。
所需磁盘空间:　69.7 MB
可用磁盘空间:　17308.3 MB
详细信息(D)...
< 上一步(B)　下一步(N) >　取消

图 6-2

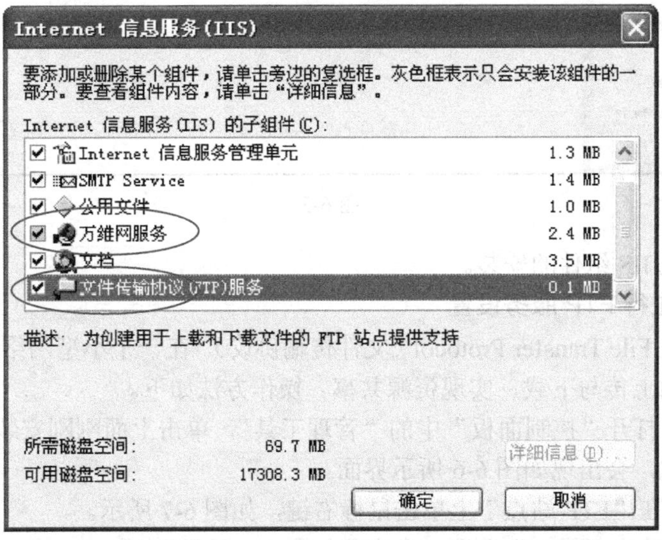
Internet 信息服务(IIS)
要添加或删除某个组件，请单击旁边的复选框。灰色框表示只会安装该组件的一部分。要查看组件内容，请单击“详细信息”。
Internet 信息服务(IIS) 的子组件(C):
Internet 信息服务管理单元　1.3 MB
SMTP Service　1.4 MB
公用文件　1.0 MB
万維网服务　2.4 MB
文档　3.5 MB
文件传输协议(FTP)服务　0.1 MB
描述:　为创建用于上载和下载文件的 FTP 站点提供支持
所需磁盘空间:　69.7 MB
可用磁盘空间:　17308.3 MB
详细信息(D)...
确定　取消

图 6-3

（4）步骤 4：单击“确定”后，出现“所需文件”对话框，按提示将操作系统安装光盘放入光驱，单击“确定”按钮，或者单击“浏览”按钮，选中 IIS 组件安装文件（网上可下载）。如图 6-4 所示。

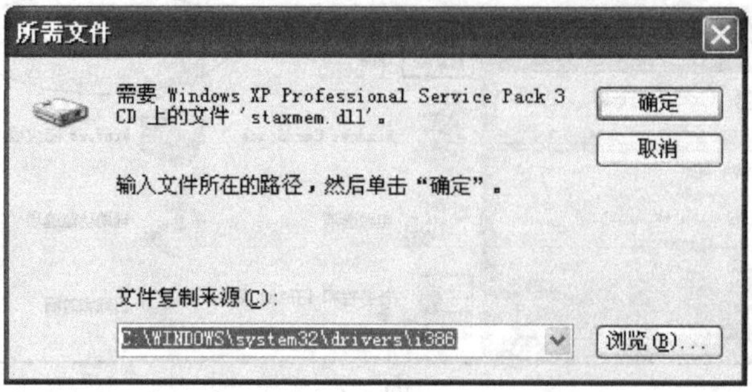

图 6-4

（5）步骤 5：按屏幕提示安装完成后，单击 Windows“控制面板”中的“管理工具”，会发现多出一个“Internet 信息服务”快捷方式，如图 6-5 所示。

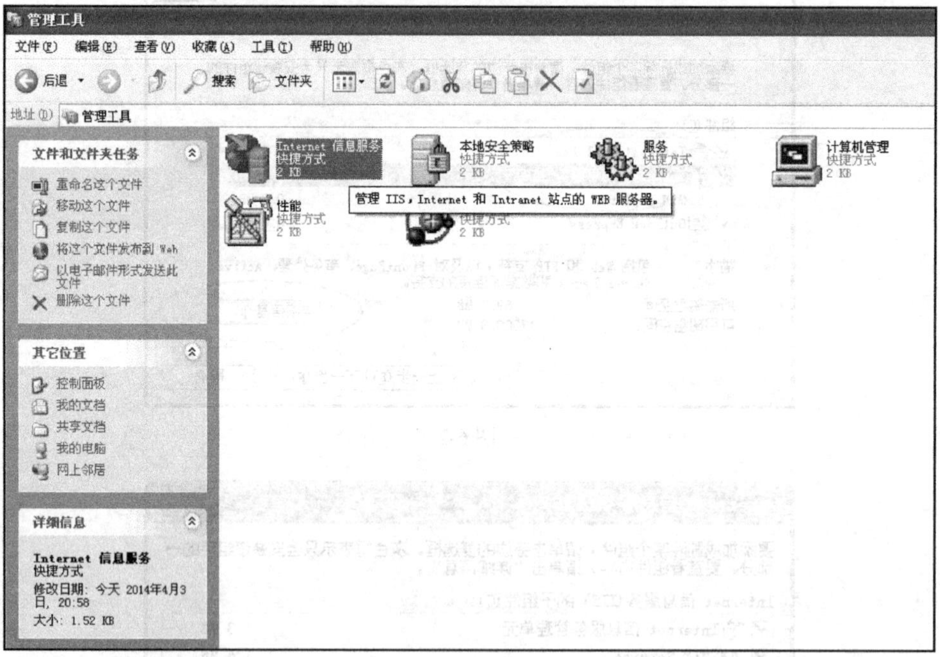

图 6-5

至此，已完成 IIS 组件的安装。

2. 利用 IIS 进行 FTP 服务设置

FTP 的全称是 File Transfer Protocol（文件传输协议）。在一个小型网络内，可以通过 FTP 服务，进行文件的上传与下载，实现资源共享。操作方法如下。

（1）步骤 1：打开“控制面板”中的“管理工具”，单击上面刚刚安装好的“Internet 信息服务”快捷方式，会出现如图 6-6 所示界面。

（2）步骤 2：在“FTP 站点”上单击鼠标右键，如图 6-7 所示。

（3）步骤 3：单击“属性”选项，会出现如图 6-8 所示界面。

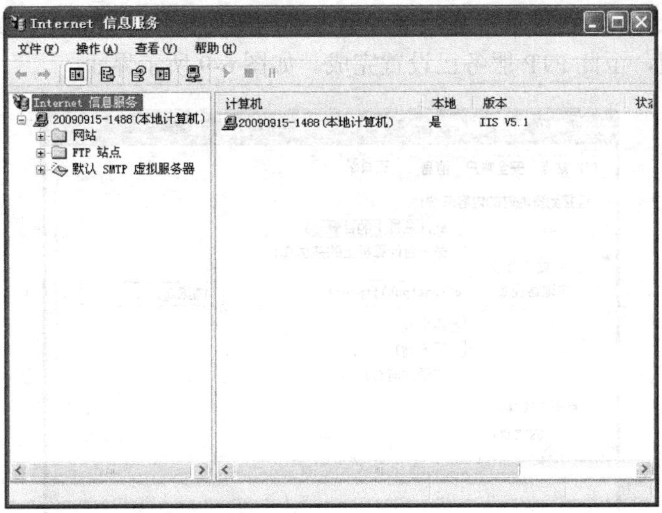
Internet 信息服务
文件(F)　操作(A)　查看(V)　帮助(H)
Internet 信息服务
20090915-1488(本地计算机)
网站
FTP 站点
默认 SMTP 虚拟服务器
计算机　本地　版本　状态
20090915-1488(本地计算机)　是　IIS V5.1

图 6-6

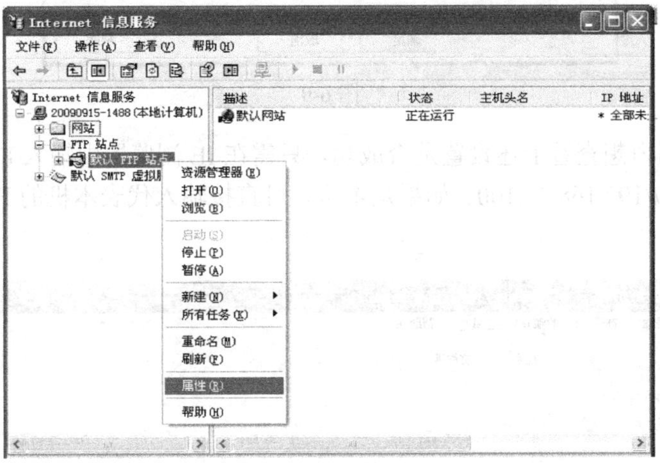
Internet 信息服务
文件(F)　操作(A)　查看(V)　帮助(H)
Internet 信息服务
20090915-1488(本地计算机)
网站
FTP 站点
默认 FTP 站点
默认 SMTP 虚拟服务器
描述　状态　主机头名　IP 地址
默认网站　正在运行　* 全部未
资源管理器(E)
打开(O)
浏览(B)
启动(S)
停止(P)
暂停(A)
新建(N)
所有任务(K)
重命名(M)
刷新(F)
属性(R)
帮助(H)

图 6-7

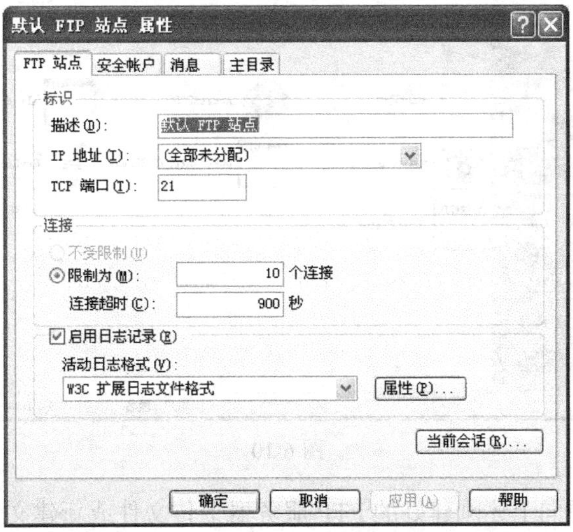
默认 FTP 站点 属性
FTP 站点　安全帐户　消息　主目录
标识
描述(D):　默认 FTP 站点
IP 地址(I):　(全部未分配)
TCP 端口(T):　21
连接
不受限制(U)
限制为(M):　10　个连接
连接超时(C):　900　秒
启用日志记录(E)
活动日志格式(V):
W3C 扩展日志文件格式
属性(P)...
当前会话(R)...
确定　取消　应用(A)　帮助

图 6-8

（4）步骤 4：选中“主目录”选项卡，单击“浏览”按钮，设置 FTP 站点本地路径。最后按“确定”按钮，至此 FTP 服务已设置完成。如图 6-9 所示界面。

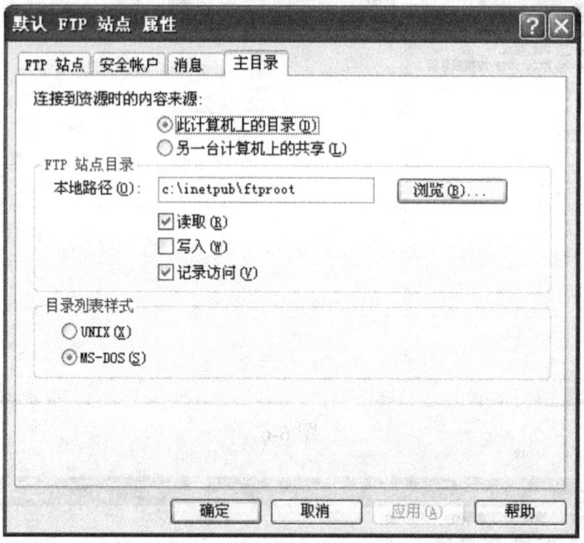

图 6-9

如果在局域网内想查看上述设置是否成功，只需在 IE 浏览器中输入 FTP 服务器的 IP 地址即可，如：FTP://192.168.31.100。如果是本机，可直接输入代表本机的 FTP://127.0.0.1。如图 6-10 所示。

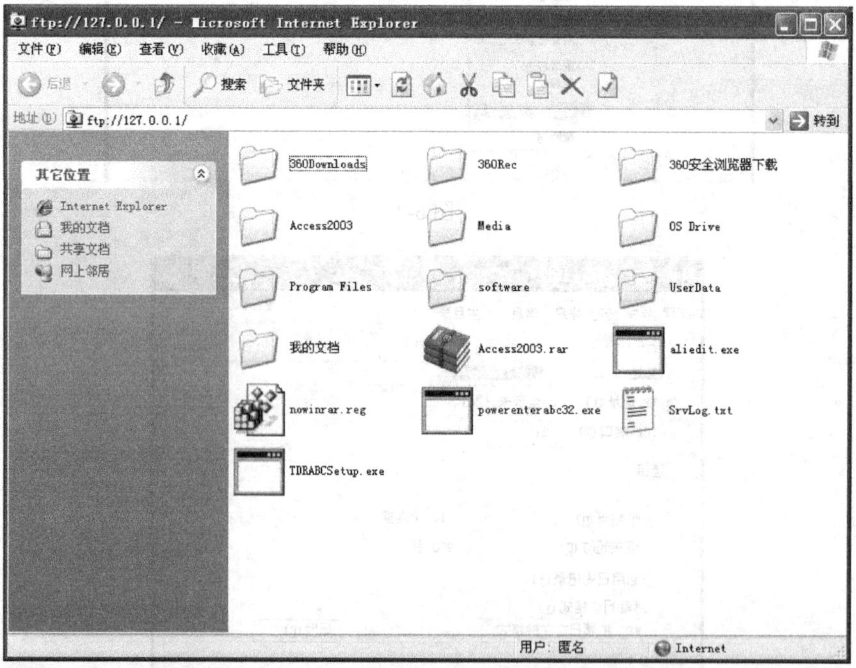

图 6-10

如果在局域网内想向上述刚建好的 FTP 服务器上传文件或新建文件夹，会弹出类似的提示框，如图 6-11 所示。

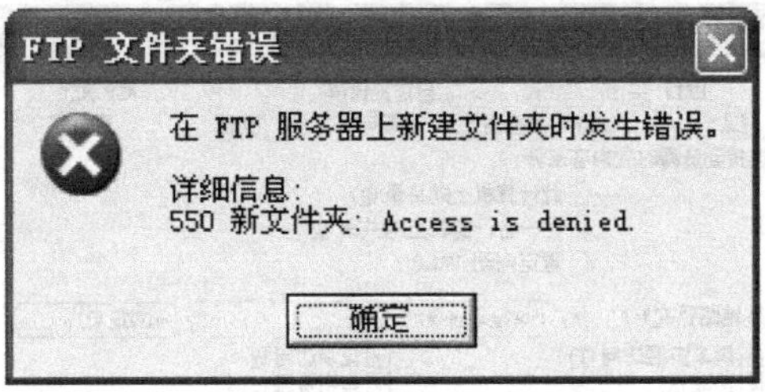

图 6-11

如何才能上传资源到 FTP 服务器呢？只需在上述图 6-9 中的“主目录”选项卡中，勾选“写入”选项，即向访问客户开放了上传资源的权限。当然出于安全考虑，一般会对某类访问用户进行认证。

3. 利用 IIS 进行 Web 服务设置

（1）步骤 1：在“Internet 信息服务”对话框中，用鼠标右键单击“默认网站”，会弹出快捷菜单，从中选择“属性”栏。如图 6-12 所示。

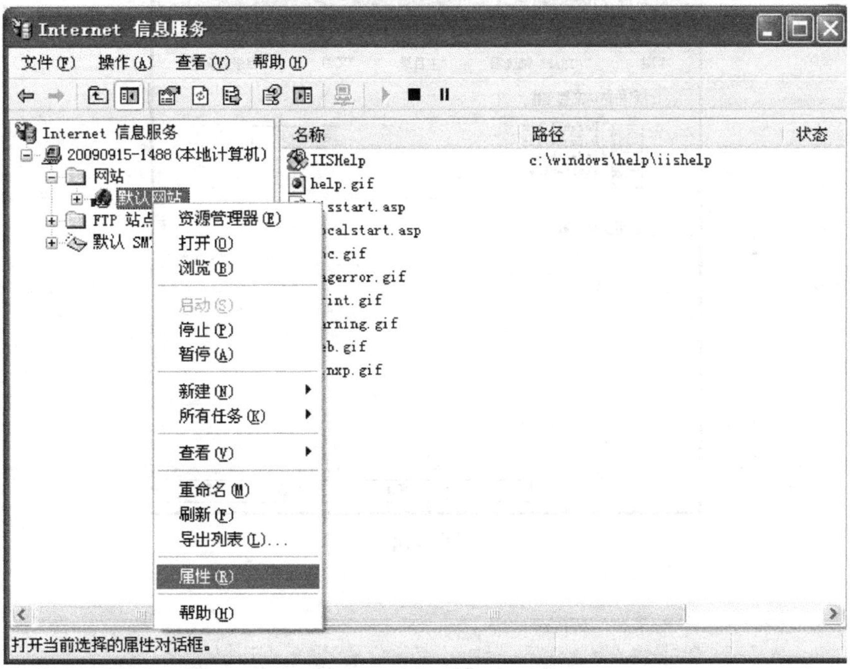

图 6-12

（2）步骤 2：在“属性”对话上选中“主目录”选项卡，单击“浏览”按钮，修改“本地路径”，使其指向提供 Web 服务的文件夹。如图 6-13 所示。

（3）步骤 3：单击“文档”选项卡，添加启动默认文档，将制作好的网站首页文档添加到这里，如图 6-14 所示。

（4）步骤 4：打开 IE 浏览器，输入提供 Web 服务的服务器地址，如果是本机，可输入 http://127.0.0.1，可访问 Web 服务了，如图 6-15 所示。

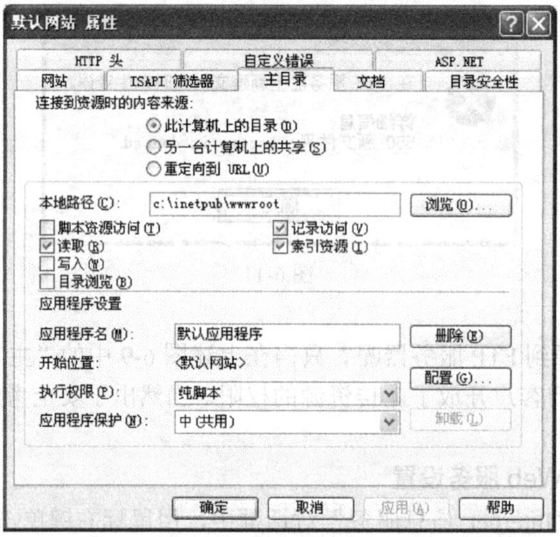

图 6-13

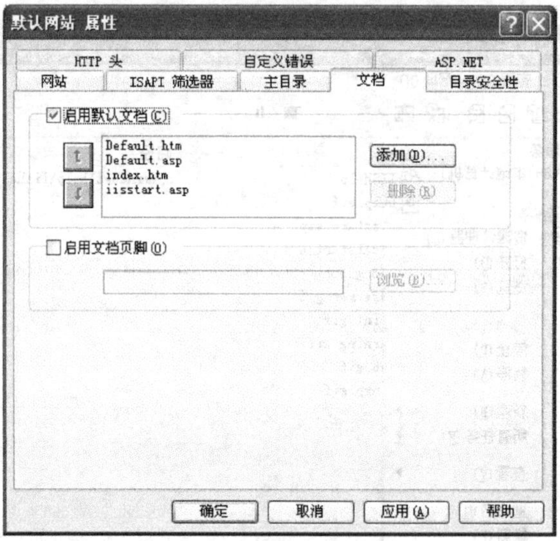

图 6-14

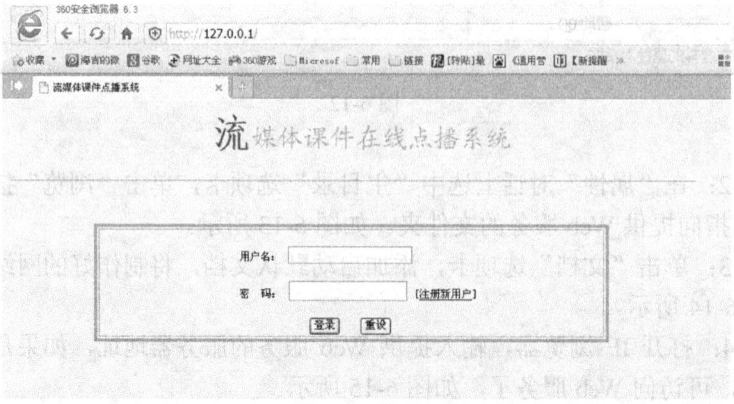

图 6-15

任务改进与拓展

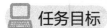

（1）在 FTP 服务中，设置登录账号的认证。

（2）FTP 服务器软件，除 IIS 外，还有 Ser-U FTP Server 等，尝试该软件的使用。

（3）在 WEB 服务设置中，如何改变 TCP 端口？端口是什么意思？请网上查阅相关资料解决。

任务评价

任务考核评价表

任务名称　IIS 服务管理的使用

班级：	姓名：	学号：				
评价项目	评价标准	评价依据	评价方式		得分	备注
			小组	老师		
职业素质	1．遵守课堂纪律 2．按时完成任务 3．学习主动积极	课堂表现				
专业能力	1．FTP 服务器的架设 2．WEB 服务器的架设	能够按要求进行相关操作				
方法能力	1．能够灵活进行操作，并且采用多种方法进行操作 2．能够借助网络进行任务拓展	能够进行知识迁移				
指导教师综合评价	指导教师签名：	日期：				

任务 2　安全漏洞扫描

任务目标

能够利用 X-Scan 软件扫描计算机安全漏洞。

任务布置

（1）利用 X-Scan 进行网络安全扫描；

（2）利用 X-Scan 工具进行网络查询。

任务实施

1．利用 X–Scan 进行网络安全扫描

（1）双击 xscan_gui.exe，运行软件，如图 6-16 所示。

值得说明的是，X-Scan 是完全免费软件，无需注册，无需安装，解压缩运行主程序即可运行，软件会自动检查并安装 WinPCap 驱动程序。若已经安装的 WinPCap 驱动程序版本不

正确，可以通过主程序窗口菜单中的“工具”栏，选中“Install WinPCap”项，重新安装“WinPCap”或另行安装更高版本。

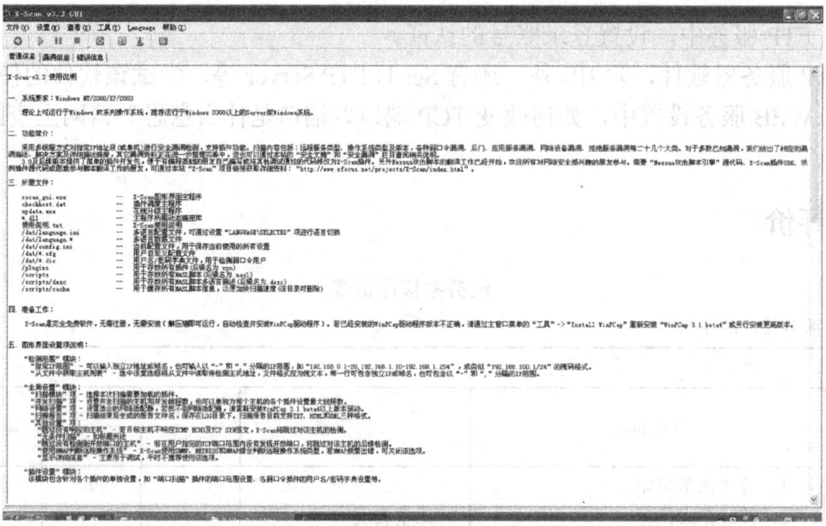

图 6-16

（2）选择“文件”菜单栏中的“开始扫描”。会出现如图 6-17 所示的提示框。

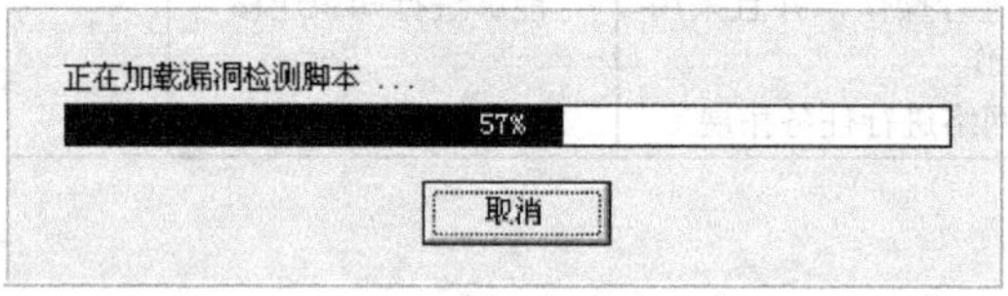

图 6-17

（3）查看扫描报告。在扫描结束后，软件会弹出一个整体扫描报告，如图 6-18 所示。

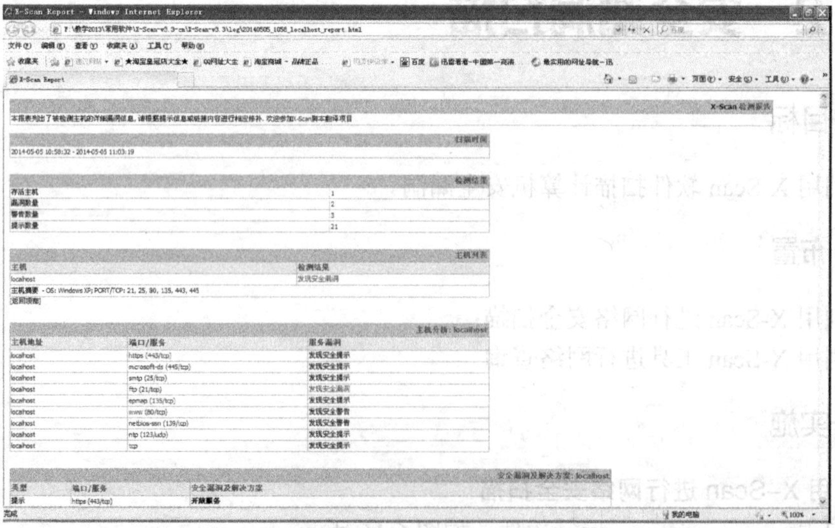

图 6-18

上述报告分为五部分：扫描时间、检测结果、主机列表、主机分析、安全漏洞及解决方案。

问题：请借助网络学习如下内容。

① 什么是端口？常用端口有哪些？

② 试着解决扫描出的部分问题。例如，如何解决图 6-19 所示问题。

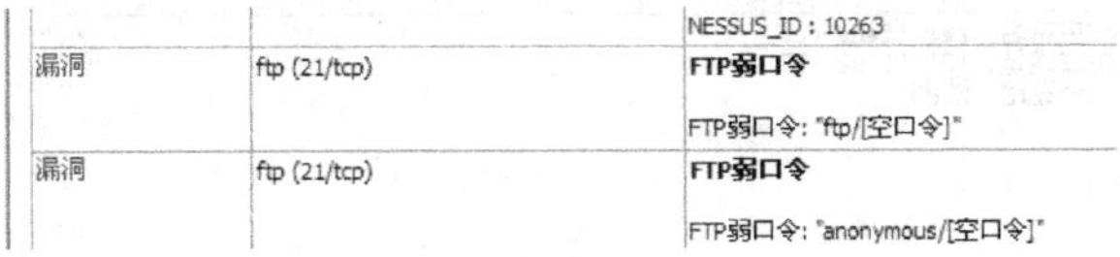

图 6-19

另外，单击软件主界面的“设置”菜单栏，可以对“扫描参数”进行设置。如图 6-20 所示。

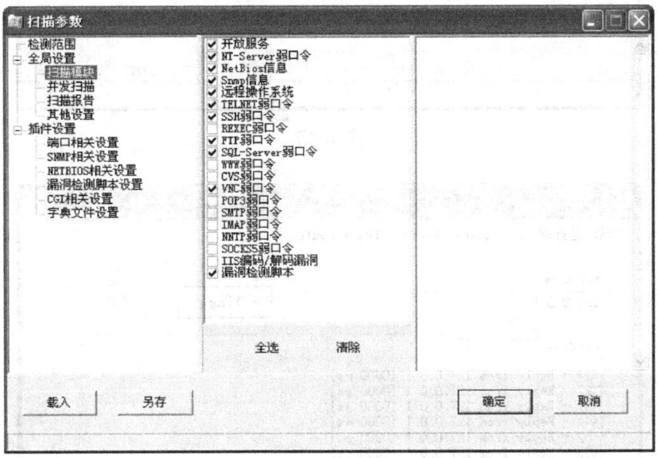

图 6-20

单击“检测范围”模块，可在“指定 IP 范围”中输入独立 IP 地址或域名，也可输入以“-”和“,”分隔的 IP 范围，如“192.168.0.1-20,192.168.1.10-192.168.1.254”，或类似“192.168.100.1/24”的掩码格式。

在“全局设置”模块中可设置“扫描模块”项、“并发扫描”项、“网络设置”项 、“扫描报告”项、“其他设置”项等。

“插件设置”模块包含针对各个插件的单独设置，如“端口扫描”插件的端口范围设置、各弱口令插件的用户名/密码字典设置等。

2. 利用 X-Scan 工具进行网络查询

（1）单击软件主界面的“工具”菜单中“物理地址查询”如图 6-21 所示。

在图 6-21 对话框中输入你熟悉的 IP 地址或主机名，单击“查询物理地址”，在下面的显示框中会显示出相关物理信息。

（2）单击“Ping”选项卡，在“Hostname”对话框中输入“Ping”的主机名。如输入：127.0.0.1，代表对本机发送 Ping 命令，在下面的显示框会不断收到主机响应信息。如图 6-22 所示。

Ping 就是对一个主机发送测试数据包，看对方是否有响应并统计响应时间，以此测试网络。如果向对方机同时发送超大测试数据包，有可能会造成对方机瘫痪。

Ping 命令是 Windows 系统自带的一个命令，它的具体使用方法，可以按如下顺序操作获得：单击 Windows 系统“开始”---“程序”---“附件”---“命令提示符”，进入 DOS 界面后，输入“Ping/?”。如图 6-23 所示。

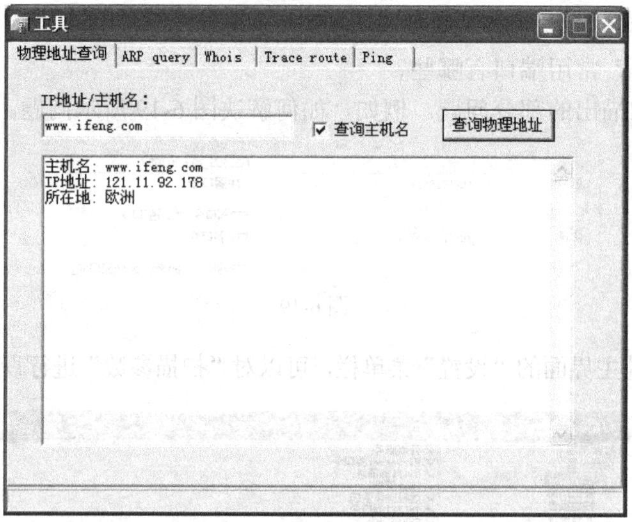

图 6-21

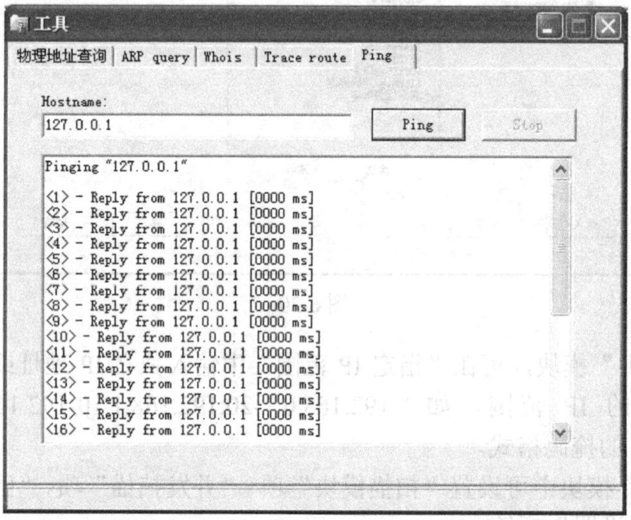

图 6-22

图 6-23

（3）其他查询操作。如上操作，还可单击“ARP query”选项卡，进行 ARP 查询。如图 6-24 所示。

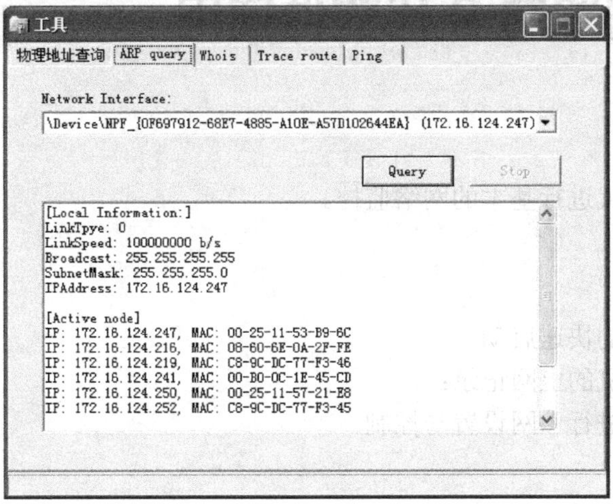

图 6-24

单击“Trace route”可以显示数据包在 IP 网络经过的路由器的 IP 地址。

任务改进与拓展

上网完成如下任务：

（1）当前还有哪些常用的网络扫描软件，具体特点是什么。

（2）了解 ARP（Address Resolution Protocol）的基本功能，如何进行 ARP 防护。

（3）路由器的主要作用是什么？

任务评价

任务考核评价表

任务名称　安全漏洞扫描

班级：　　　　　姓名：　　　　　学号：

评价项目	评价标准	评价依据	评价方式		得分	备注
			小组	老师		
职业素质	1. 遵守课堂纪律 2. 按时完成任务 3. 学习主动积极	课堂表现				
专业能力	能利用 X-Scan 进行网络安全扫描 能利用 X-Scan 工具进行网络查询	按要求将操作完成后窗口抓下来，放在一个 Word 文档中				
方法能力	能灵活安装、使用该软件基本功能，还能拓展使用类似杀病毒软件	操作过程，以及类似拓展软件的操作，拓展任务的完成情况				
指导教师综合评价	指导教师签名：	日期：				

任务 3　网路岗 9 代软件使用

任务目标

会使用网路岗 9 代进行基本的网络监控。

任务布置

（1）针对单网段的快速启动；
（2）查看被监控机的上网记录；
（3）对被监控机进行上网设置与控制。

任务实施

网路岗 9 代由深圳德尔软件公司开发，是国内广泛使用的网络监控软件及局域网监控产品。运行安装监控服务器端程序，会出现如图 6-25 所示的提示框。

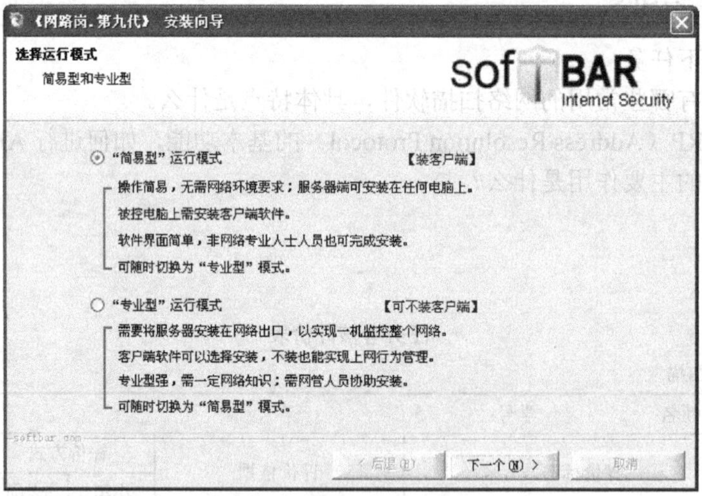

图 6-25

两种运行模式可供选择，两者的不同已在安装界面上清楚写出来。我们选择“专业型”运行模式。

安装成功后的主界面主要包括三部分，上面一排菜单及按钮为功能区，左边为监管配置区，右边为网络活动状态区域。如图 6-26 所示。

1. 针对单网段的快速启动

打开主程序界面，一般会自动绑定网卡，如果有多块网卡，可设置捕包网卡，如图 6-27 所示。

在“后台服务”部分，将“上网监管”、“内网管控”、“远程查阅”、“看管服务”等启动。方法是只需单击右边的“全部启动”或每个功能项上单击鼠标左键就可设置。如图 6-28 所示。

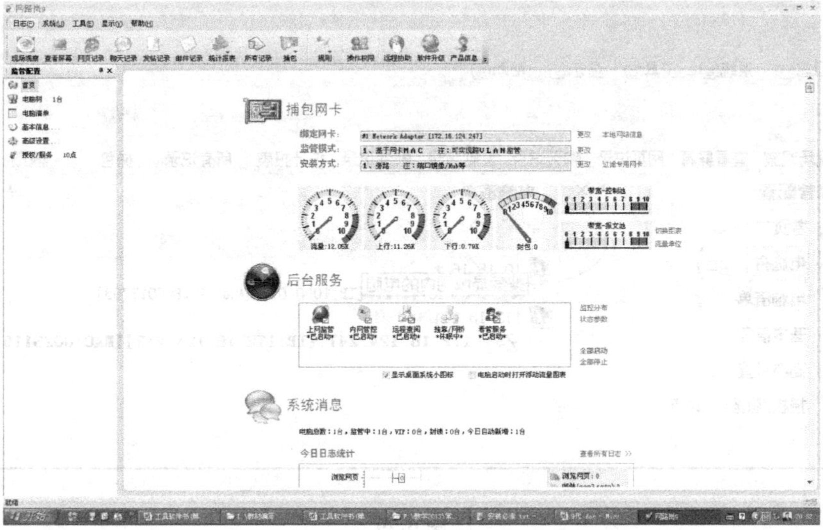

图 6-26

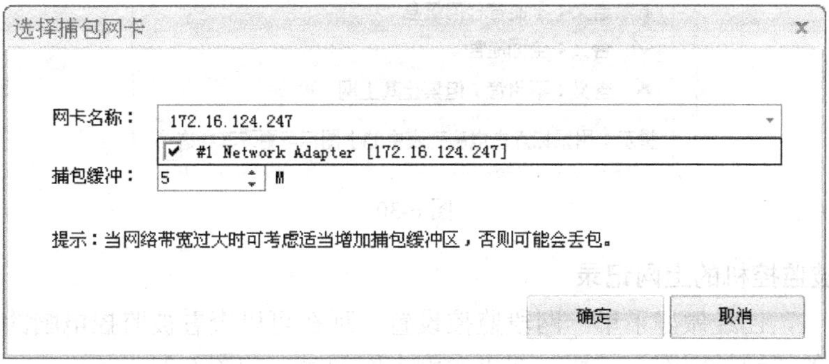

图 6-27

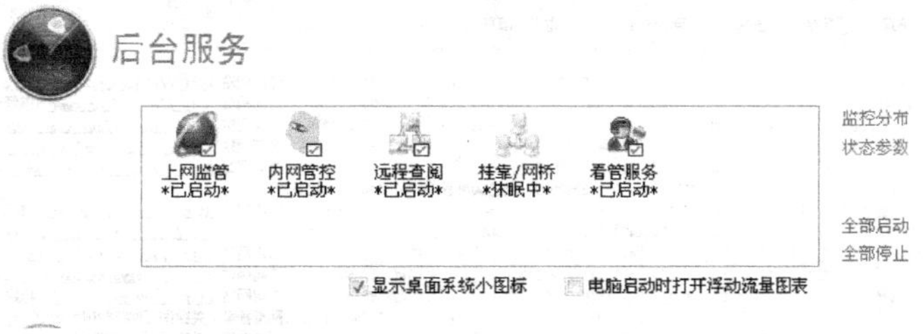

图 6-28

接下来可以搜索同一网段的电脑了。单击主程序左边“监管配置”区的“电脑树”，则显示出被监控的“电脑清单”列表。单击搜索按钮，则可以搜索局域网内的电脑。如图 6-29 所示。

在搜索出的电脑列表 IP 地址之前有一个标志，单击鼠标左键可有三种状态选择，其作用如图 6-30 所示。

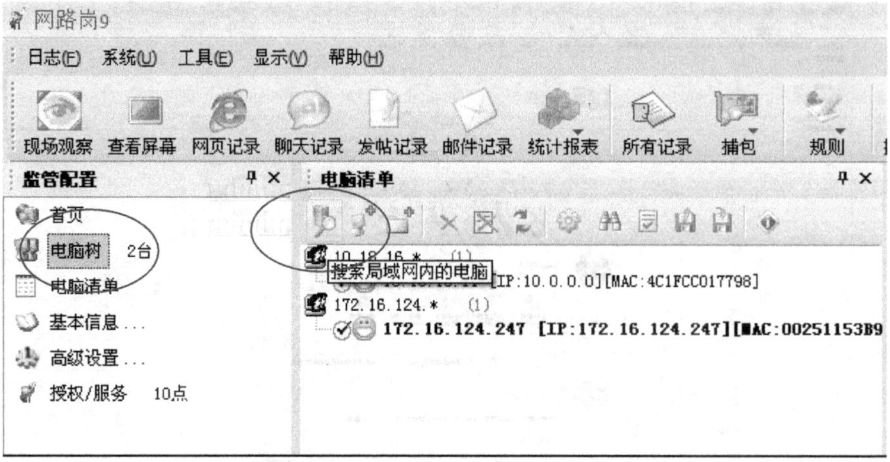

图 6-29

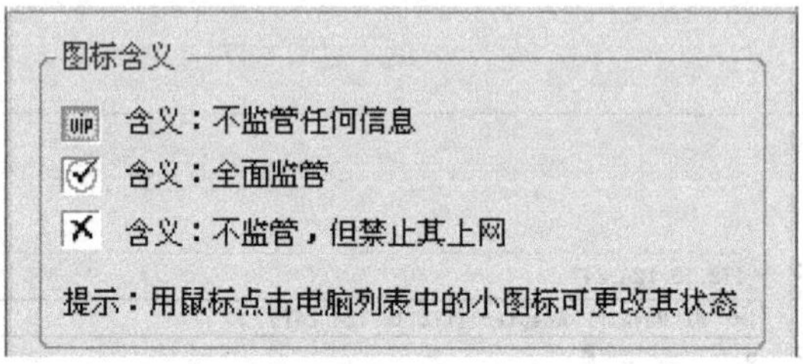

图 6-30

2. 查看被监控机的上网记录

通过任务 1，已经做好了单一网段监控设置，现在可以查看被监控电脑的上网记录了。单击工具栏上的“现场观察”按钮，即可看到上网记录。如图 6-31 所示。

图 6-31

也可以单击软件主界面工具栏上的“网页记录”，可以查看“常规日记”、“聊天记录”等。如图 6-32 所示。

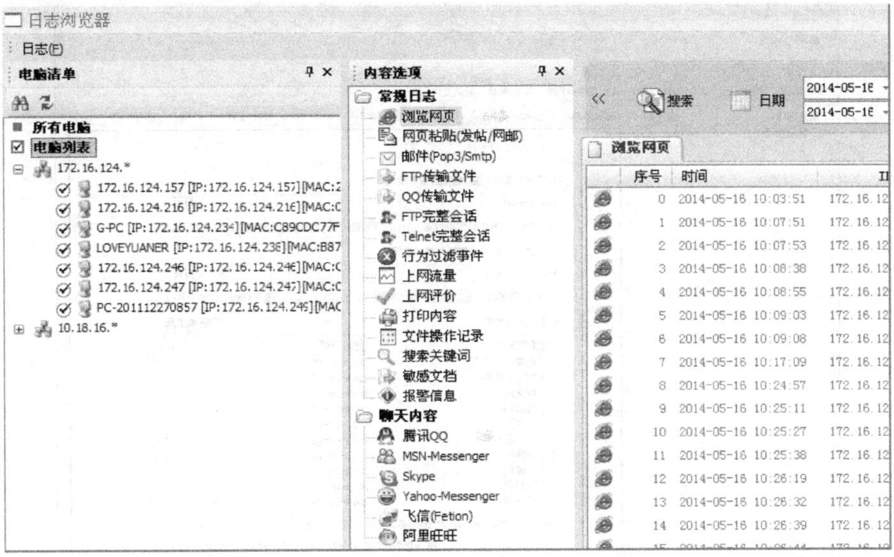

图 6-32

如果要查看某台机的 QQ 聊天记录，则单击“腾讯 QQ”列表项，不仅可以查看到聊天内容，还可以将内容导出。如图 6-33 所示。

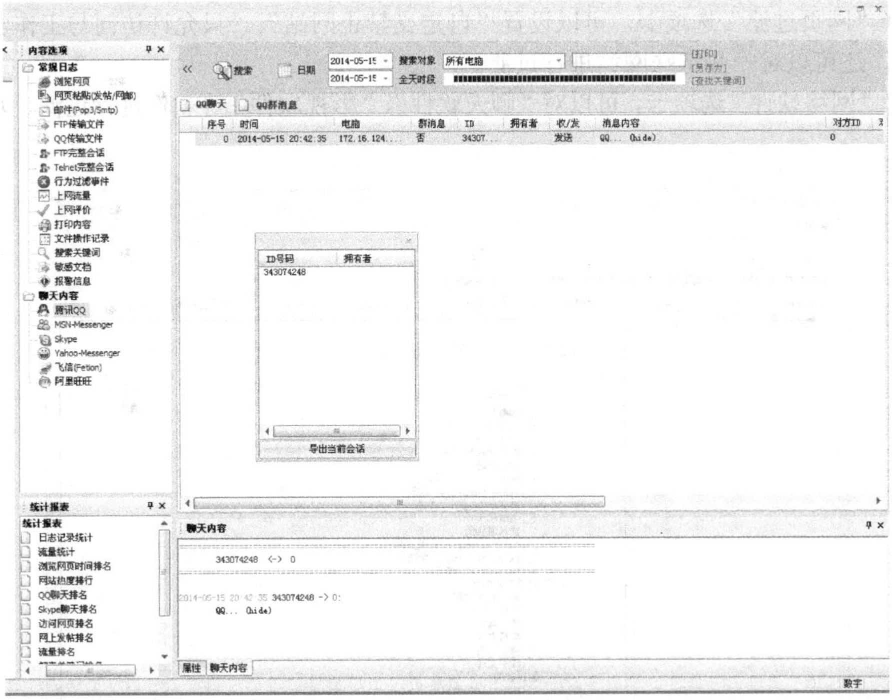

图 6-33

3. 对被监控机进行上网设置与控制

要对被监控机进行一些网络设置与控制，只需在主程序界面的工具栏单击“规则”，打开“编辑‘上网规则’”窗口。通过该窗口可以“添加规则”、“删除规则”、“复制规则”、“导入规则文件”、“导出规则文件”等操作。如图 6-34 所示。

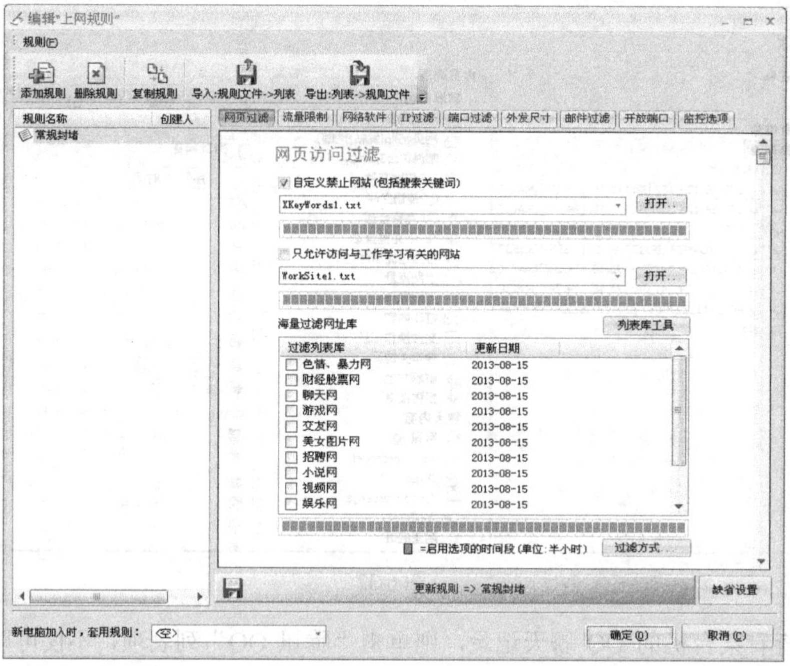

图 6-34

选择“网页过滤”选项卡，可以设置“自定义禁止网站”、“只允许访问与工作学习有关的网站”，还可以对一些特殊网站进行过滤。

选择“网络软件”选项卡，可以对“聊天软件”、“影视软件”等软件进行过滤。如图 6-35 所示。

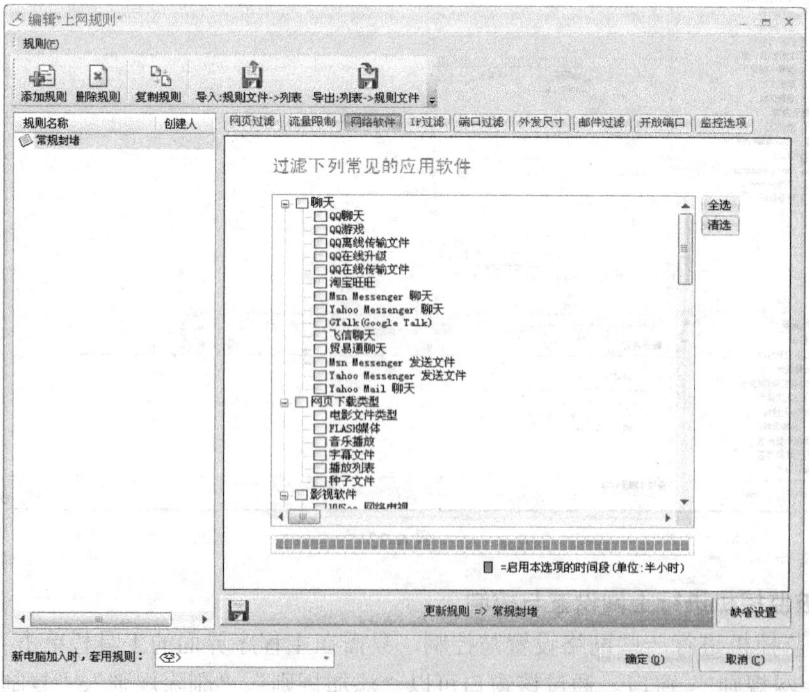

图 6-35

在软件的主界面上，单击“管控规则”右边的“写评价”按钮，可以对目标电脑写“上网评价”。如图 6-36 所示。

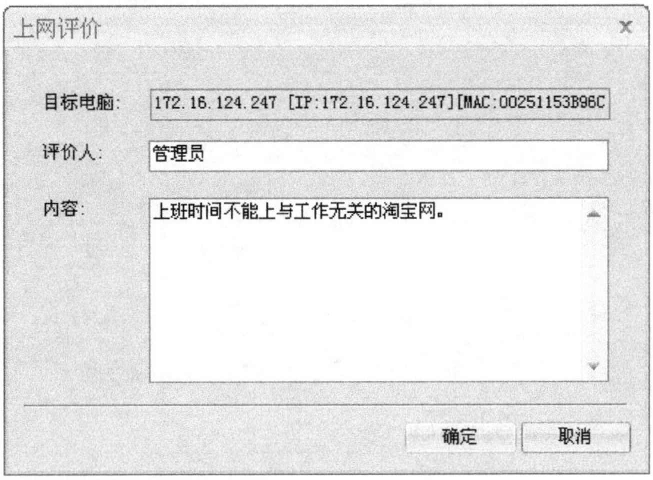

图 6-36

任务改进与拓展

（1）以同桌为一小组，相互进行上网规则设置。

（2）网上教师。上网学习网路岗 9 代使用手册。

任务评价

任务考核评价表

任务名称　网路岗 9 代软件使用

班级：　　　　姓名：　　　　学号：

评价项目	评价标准	评价依据	评价方式		得分	备注
			小组	老师		
职业素质	1．遵守课堂纪律。 2．按时完成任务。 3．学习主动积极。 4．团队合作精神。	课堂表现				
专业能力	能运用网路岗 9 代进行基本操作	1．针对单网段的快速启动 2．查看被监控机的上网记录 3．对被监控机进行上网设置与控制				
方法能力	能灵活安装、使用该软件基本功能，还能拓展了解相关知识	操作过程，以及类似拓展软件的操作，拓展任务的完成情况				
指导教师综合评价	指导教师签名：　　　　日期：					